食品质量安全检测技术

主　编　阙　斐

副主编　赵　粼　黄伟素　张　波
　　　　凌　云　胡玉霞

参　编　刘　英　张建群　王　妮
　　　　韩艳丽　过尘杰

北京理工大学出版社
BEIJING INSTITUTE OF TECHNOLOGY PRESS

内 容 提 要

本书设计了课程导入部分和食品添加剂检测、农药残留检测、兽药残留检测、重金属含量检测 4 个模块，每个模块包含导论和 2～3 个以典型工作任务为载体的项目，按照行业典型工作过程，即制订方案→试剂准备→样品处理→上机检测→结果分析五步骤构建学习任务，每个学习任务都包含必备知识和任务实施两个部分。每个项目学习完成后，配备 3 个左右的开放性思考题和增值自评表，并配套了练习题。适时插入小故事、小提示、小思考、拓展知识等小栏目，增加教材的可读性、趣味性，潜移默化地渗入思政元素。本书配套有实用性较强的检测工作手册，每个检测工作手册均配备了填写参考。

本书可作为食品质量与安全、食品检验检测技术、农产品加工与质量检测等专业的核心课教材，不仅是教师开展模块化教学、项目化教学、情景化教学的教材，而且是支持学生自学、研究、拓展的学材。

图书在版编目（CIP）数据

食品质量安全检测技术/阚斐主编 . -- 北京：北京理工大学出版社，2024.1
ISBN 978-7-5763-3369-5

Ⅰ.①食… Ⅱ.①阚… Ⅲ.①食品安全－食品检验
Ⅳ.① TS207.7

中国国家版本馆 CIP 数据核字（2024）第 032441 号

责任编辑：李 薇	文案编辑：李 薇
责任校对：周瑞红	责任印制：王美丽

出版发行 / 北京理工大学出版社有限责任公司
社　　址 / 北京市丰台区四合庄路 6 号
邮　　编 / 100070
电　　话 /（010）68914026（教材售后服务热线）
　　　　　　（010）68944437（课件资源服务热线）
网　　址 / http：//www.bitpress.com.cn

版 印 次 / 2024 年 1 月第 1 版第 1 次印刷
印　　刷 / 河北鑫彩博图印刷有限公司
开　　本 / 787 mm×1092 mm　1/16
印　　张 / 21.5
字　　数 / 591 千字
定　　价 / 98.00 元（含配套手册）

前言

习近平总书记在党的二十大报告中强调，要加快建设质量强国。中共中央、国务院印发的《质量强国建设纲要》（以下简称《纲要》），再次确定了质量强国是党和国家的重大战略，显示建设质量强国是全面建设社会主义现代化国家的必由之路。《纲要》明确提出**要提高农产品食品药品质量安全水平，严格落实食品安全"四个最严"要求，实行全主体、全品种、全链条监管，确保人民群众"舌尖上的安全"**。同时提出要加强培养诚实守信的质量基础设施人才队伍建设，要着力培养质量专业技能型人才。

为了培养新时代背景下与食品检验检测行业紧密接轨的高素质技术技能人才，更是为培养心系民族复兴、质量强国的能工巧匠、大国工匠，本书编写组联合行业专家深入调研检测行业，综合考虑了农产品食品检验员国家职业技能标准、食品质量管理等1+X证书的要求，形成了以国家/行业标准为依据、以完整地开展检测项目为主线，兼顾理论知识的结构合理、重点突出、内容简约，符合新时代食品检测人才培养要求的教学体系。

本书具有以下特点。

1. 岗课赛证融合

本书内容对接新时代食品检测岗位的工作内容与工作流程，并遵循学生的学习规律。本书内容充分考虑了相应课程在专业人才培养方案中的作用与地位，与专业教学标准和课程标准高度匹配。将全国职业院校技能大赛高职组"农产品质量安全检测"赛项三个项目完整地融入了教材中，以赛促学，以赛促教，让更多的师生享用比赛成果。本书也充分考虑了农产品食品检验员、1+X证书的考证要求，通过项目学习，可以为考证奠定基础。

2. 编写团队双能突出

编写团队包括教授4人、副教授4人、高级实验师1人、讲师1人，曾经在专业检测机构工作10年左右的高级工程师3人。其中10名团队成员指导过农产品质量安全竞赛，其中6人为国赛一等奖指导教师，9人为省赛一等奖指导教师，编写团队主要成员均为省双高专业群、教学创新团队核心成员，在教学改革、教材编写、行业实践等方面经验丰富，教学、实践双能突出，保障了教材编写质量。

3. 新技术有序融入

近年来，检测行业快速增强，质谱、固相萃取等新技术被广泛应用。由于设备昂贵、理论艰深等，大部分食品质量检测类教材没有系统地讲解这些技术。本书创新地将质谱技术和固相萃取技术等新技术按照适宜的难度，系统地融入各个学习项目中，通过与实践结合使学者能由浅入深地学习，降低新技术学习的枯燥性与难度，提升学习者的兴趣。

4. 思政元素有机渗入

在书中适时插入小故事、小提示、小思考、拓展知识等小栏目，既能够增加本书的可读性、趣味性，又可以潜移默化地渗入新时代的"三个精神"、家国情怀等思政元素。

5. 配套资源丰富多样

书中融入了大量二维码，对应操作示范、理论剖析、习题答案等，并配套实用性较强的检测项目工作手册，既方便教师教学，又方便学习者自学。

本书由浙江经贸职业技术学院阙斐担任主编，由浙江经贸职业技术学院赵粼、黄伟素、张波、凌云、胡玉霞担任副主编，杭州职业技术学院刘英、嘉兴职业技术学院张建群、长春职业技术学院王妮、江苏农林职业技术学院韩艳丽、浙江农业商贸职业学院过尘杰参与本书编写工作。具体编写分工为：胡玉霞、张波、张建群负责模块一的编写；阙斐、赵粼、韩艳丽负责模块二的编写；赵粼、凌云、胡玉霞、王妮负责模块三的编写；黄伟素、凌云、过尘杰负责模块四的编写，刘英负责课程导入部分的编写。

本书在编写过程中，得到了北京理工大学出版社和编者所在单位领导及同事的指导与大力支持，在此一并致谢。

由于编者水平有限，书中疏漏之处在所难免，敬请各位读者批评指正，并提出宝贵意见。

编　者

目录

课程导入　课程概况与检测行业整体情况

　　党的二十大报告指出，到 2035 年，我国发展的总体目标之一是建成"教育强国、科技强国、人才强国、文化强国、体育强国、健康中国"，健康中国也是中国式现代化健康应有之义。健康中国与食品安全息息相关，食品安全关系广大人民群众身体健康和生命安全，是影响国计民生的大事。全面落实"四个最严"要求，坚决筑牢食品安全每一道防线，确保人民群众"舌尖上的安全"是每个食品安全学习者"时时放心不下"的责任感。食品质量安全检测是不断提升食品安全治理能力和水平的重要手段。

一、课程地位与学习目标

　　"食品质量安全检测技术"是食品质量与安全、食品检验检测技术、农产品加工与质量检测等专业的核心课程。学者通过对检测行业中典型检测项目的学习，能够较为全面地掌握食品质量安全检测技术，包括食品中的重金属、农药残留、兽药残留及添加剂的检测技术，为其后续从事食品质量安全检测、控制、监督等方面工作提供知识与技能支持。质谱技术与固相萃取技术是目前颁布的食品检测标准中应用越来越多的技术。

二、课程内容与职业资格或技能证书

　　"食品质量安全检测技术"课程的教学内容与检测岗位工作内容紧密对接，岗课赛证融通，融合了农产品食品检验员国家职业资格标准、全国职业院校技能大赛高职组"农产品质量安全检测"赛项、1+X 粮农食品安全评价职业技能等级证书、1+X 食品检验管理职业技能等级证书、检测类国标行标等内容，以检测行业典型工作过程，即"制订方案—试剂准备—样品处理—上机检测—结果分析"五个步骤构建学习环节。通过真实检测项目的学习，可以较好地帮助学习者考取农产品食品检验员职业资格证、1+X 粮农食品安全评价职业技能等级证书、1+X 食品检验管理职业技能等级证书，学者也可以更加自信地到检测行业实习或就业。

　　💡 **小提示**：请扫描右侧二维码，查看微课：**课程概述——为什么学习农产品、食品质量安全检测？**

三、食品检验检测行业的发展情况

检测是指检测机构接受产品生产商或产品用户的委托，综合运用科学方法及专业技术对某种产品的质量、安全、性能、环保等方面进行检测，出具检测报告，从而评定该种产品是否达到政府、行业和用户要求的质量、安全、性能及法规等方面的标准。 检测机构根据检测工作量向委托者收取检测费用。

按国家统计局国民经济分类，食品检测属于技术检测行业。国家对技术检测行业实行市场准入制度，检测机构需获得质量技术监督部门的计量认证（China Metrology Accreditation，CMA）或中国合格评定国家认可委员会（China National Accreditation Service for Conformity Assessment，CNAS）的认可。检测机构受国家认证认可监督管理委员会（简称"国家认监委"）统一管理。

检测市场按参与者的不同性质划分，可分为政府检验检测、企业内部检测及独立第三方检测。在国民经济各个领域，政府检验检测突出以保护人民生命财产安全为目的，我国政府检验检测机构的业务来源主要为市场准入、监督检验检测、3C 认证、生产许可证、定检、评优、免检等方面；企业内部检测则服务于企业自身的产品质量管控需求；独立第三方检测主要体现所出具检测数据的独立性和公正性。在贸易过程中，买卖双方基于保护自身利益，对检测数据的独立性和公正性越来越重视。

（一）检验检测行业的发展

检验检测行业产生于二百年前欧洲海运行业的商品检测，在中国始于 20 世纪 80 年代的商品贸易检测，并于 21 世纪进入快速发展阶段。检验检测是指在商品交流活动中供需双方出于自身利益需要，或产品质量验证，依托相关技术协议，按技术标准、方法对产品进行检验、测试的技术活动。检测机构是检验检测行业的核心和载体，国内、外检测机构由于历史背景、工业水平、技术成熟度等原因，发展现状差异较大。

1. 国外检验检测机构发展状况

国外检验检测行业发展历史较长、机制比较完善，检测机构的发展成熟度比较高。经历了较漫长的业务布局和经营积累，瑞士通用公证行（SGS 集团）、必维国际检验集团（Bureau Veritas，BV 检测）、天祥集团（Intertek 检测）等检测巨头成为目前国际认可度较高的检测机构。它们进入中国后以全国性布局、多元业务统筹、市场并购等方式快速抢占了一部分检测市场。

瑞士通用公证行简称 SGS，成立于 1878 年，总部位于瑞士日内瓦，是全球第三方检测行业的龙头企业，具有 100 多年的发展历史。在规模方面，全球拥有 97 000 余名员工和 2 600 余个实验室及分支机构，2021 年实现全球收入约 64 亿瑞士法郎（约 475 亿元），利润约 10.55 亿瑞士法郎（约 78 亿元）。截至 2020 年，在中国建成了 78 个分支机构和 150 多间实验室，拥有 15 000 多名训练有素的专业人员。在专业检测方面，覆盖了农业、食品、消费品、零售、工业和矿产等领域，具备检验、测试、认证、鉴定四个核心服务板块。

必维国际检验集团简称 BV，成立于 1828 年，总部位于法国巴黎，是全球知名的国际检验、认证集团，其服务集中在质量、健康、安全和环境管理及社会责任评估领域。在规模方面，其在全球拥有 78 000 余名员工和 1 600 余个实验室及分支机构。2021 年实现全球收入 49.8 亿欧元（约 367 亿元），利润 6.15 亿欧元（约 45 亿元）。消费品服务事业部 1998 年进入中国市场，截至 2020 年，必维国际检验集团在中国上海、北京、广州和深圳等 50 余个主要大中型城市设立了 100 余个分支机构及实验室，员工超过 14 000 名，提供产品测试、商品检验和认证服务。

天祥集团简称 Intertek，创立于 1880 年，总部位于英国伦敦，是全球领先的全面质量保障服务机构。在规模方面，其在全球范围内拥有 1 000 余家实验室，43 000 余名员工，业务覆盖 100 多个国家。2021 年实现收入 27.86 亿英镑（约 233 亿元），利润 4.33 亿英镑（约 36 亿元）。截至 2020 年，在中国上海、广州、北京、天津、杭州、无锡、青岛等 40 多个城市设立了 100 多家实验室和办公室，员工 9 000 余名。在业务领域方面，主要包括健康美容产品、可再生能源、食品及农产品、电子电气、信息技术与电信、零售业、医学与药业、化工行业、纺织与鞋、建筑工程、政府和贸易、工业和制造业、玩具与轻工产品、矿产品、交通技术、石化及大宗货物等领域，专业服务以检验、测试、保障、认证四个专业为主。

2. 国内检验检测机构发展状况

随着技术进步、产品更新换代加快和国际分工深化，近年来全球检验检测行业保持 10% 以上的快速增长。据统计，2021 年全球检验检测行业市场规模达到 2 346 亿欧元，同比增长 10.14%。2022 年市场规模达到 2 526.8 亿欧元。从国内检验检测市场规模来看，根据国家认监委数据，2014—2021 年我国检测检验行业市场规模从 1 630.89 亿元发展至 4 090.22 亿元。

截至 2021 年年底，我国共有检验检测机构 51 949 家，同比增长 6.19%。2021 年全年实现营业收入 4 090.22 亿元，同比增长 14.06%。从业人员 151.03 万人，同比增长 6.97%。共拥有各类仪器设备 900.32 万台 / 套，同比增长 11.42%，仪器设备资产原值 4 525.92 亿元，同比增长 9.88%。2021 年共出具检验检测报告 6.84 亿份，同比增长 20.58%，平均每天对社会出具各类检测报告 187.31 万份。

2018 年以来，我国连续出台多项检验检测行业政策，旨在大力推动检验检测产业发展。当外资实验室在中国不断扩大版图的同时，本土检验检测机构也发展迅猛：民营检测机构开始崛起，国有检测机构逐渐被"松绑"，纷纷投身于第三方检验检测竞争浪潮中。事业单位制检验检测机构比重进一步下降，企业制单位占比持续上升。2021 年，我国共有企业制检验检测机构 38 046 家，占机构总量的 73.24%；事业单位制检验检测机构 10 843 家，占机构总量的 20.87%。

检验检测行业集约化水平持续提升。2021 年，全国检验检测服务业中，规模以上（年营业收入 1 000 万元以上）检验检测机构数量达到 7 021 家，同比增长 9.46%，营业收入达到 3 228.3 亿元，同比增长 16.37%，规模以上检验检测机构数量仅占全行业的 13.52%，但营业收入占比达到 78.93%，集约化发展趋势显著。全国检验检测机构 2021 年年度营业收入在 5 亿元以上的机构有 56 家，同比增加 14 家；收入在 1 亿元以上的机构有 579 家，同比增加 98 家；收入在 5 000 万元以上的机构有 1 379 家，同比增加 182 家。这表明在政府和市场双重推动之下，一大批规模效益好、技术水平高、行业信誉优的中国检验检测品牌正在快速形成，推动检验检测服务业做优做强，实现集约化发展取得成效。

民营检验检测机构继续快速发展。截至 2021 年年底，全国取得资质认定的民营检验检测机构共 30 727 家，同比增长 12.54%，民营检验检测机构数量占全行业的 59.15%。2013—2021 年，民营检验检测机构占机构总量的比重分别为 26.62%、31.59%、40.16%、42.92%、45.86%、48.72%、52.17%、55.81% 和 59.15%，呈现明显的逐年上升趋势。2021 年民营检验检测机构全年取得营收 1 656.91 亿元，同比增长 19.04%，高于全国检验检测行业营收年增长率 4.97 个百分点。

（二）食品检验检测行业的发展

广义的食品检验是指研究和评定食品质量及其变化的一门学科，它依据物理化学、生物化学的一些基本理论和各种技术，按照技术标准，如国际、国家食品卫生 / 安全标准，对食品原料、辅助材料、半成品、成品及副产品的质量进行检验，以确保产品质量合格。食品检验的内容包括对食品的感官检测，食品中营养成分、添加剂、有害物质的检测等。

1. 食品消费促进食品检验检测行业的发展

食品消费属于百姓生活消费中不可或缺的部分，随着社会经济的发展，人们对食品营养的要求和对食品安全的关注度也越来越高。食品检验检测是保证食品安全、让人民放心食用的重要手段。根据国家统计局的数据显示，2021 年中国居民人均食品烟酒消费支出为 7 178 元，占人均消费支出的比重为 29.8%，增速高达 12.2%。我国居民人均食品消费支出显著增长，人均可支配收入和食品消费量的提高推动了食品行业的蓬勃发展。2021 年，中国规模以上食品制造业企业数量约为 8 496 家，同比增长 5%。庞大的食品消费总量和食品制造业的发展促进了食品检测行业的稳定发展。

2. 政策支持为食品检验检测行业的发展提供保障

民以食为天，食以安为先。食品安全关系人民群众身体健康和生命安全，关系中华民族未来。党的十九大报告就曾明确提出实施食品安全战略，把食品安全工作放在"五位一体"总体布局和"四个全面"战略布局中统筹谋划部署。国家市场监督管理总局、科技部、发展和改革委员会等部门也积极制定了一系列相关的政策来保障人民群众的食品安全，让人民吃得放心。早在 2015 年，习近平总书记就强调，要切实加强食品药品安全监管，用最严谨的标准、最严格的监管、最严厉的处罚、最严肃的问责，加快建立科学完善的食品药品安全治理体系，坚持"产""管"并重，严把从农田到餐桌的每一道防线。党的二十大报告明确提出"推进健康中国建设"，要"把保障人民健康放在优先发展的战略位置"，并把"强化食品药品安全监管"放在"推进国家安全体系和能力现代化，坚决维护国家安全和社会稳定"的高度予以强调，为新时代食品安全工作明确了方向。

为了保障食品安全，国家卫生健康委员会全面打造最严谨的标准体系，吃得放心有章可依。截至 2022 年 6 月，已发布食品安全国家标准 1 419 项，包含 2 万余项指标，涵盖了从农田到餐桌、从生产加工到产品全链条、各环节主要的健康危害因素。标准体系框架既契合中国居民膳食结构，又符合国际通行做法。我国连续 15 年担任国际食品添加剂、农药残留国际法典委员会主持国，牵头协调亚洲食品法典委员会食品标准工作，为国际和地区食品安全标准研制与交流发挥了积极作用。国家卫生健康委员会还建立了国家、省、市、县四级食品污染和有害因素监测、食源性疾病监测两大监测网络及国家食品安全风险评估体系。食品污染和有害因素监测已覆盖 99% 的县区，食源性疾病监测已覆盖 7 万余家各级医疗机构。食品污染物和有害因素监测食品类别涵盖我国居民日常消费的粮油、蔬果、蛋奶、肉禽、水产等全部 32 类食品。

 拓展知识

"最严谨的标准"体系

按照"最严谨的标准"要求，国家卫生健康委员会完善了以风险监测评估为基础的标准研制制度，建立了多部门多领域合作的标准审查机制，持续制定、修订、完善食品安全标准。目前我国食品安全标准体系分为通用标准、产品标准、生产经营规范和检验方法四大类，覆盖从原料到餐桌全过程。其中，食品中污染物、真菌毒素、标签和食品添加剂使用等通用标准与乳品标准、肉制品等产品标准，主要限定各类食品及原料中安全指标；检验方法标准是配套安全指标制定的检验方法；生产经营规范标准侧重过程管理，对食品生产经营过程提出规范要求。四类标准相互衔接，从不同角度管控食品安全风险。

随着人们对食品安全质量要求不断提高，监管趋严，产品标准和抽检覆盖范围继续扩大，食品厂商和政府购买食品检测服务的需求不断增加。食品检测机构无论在数量上还是营收总额上，都有所增加。根据 2021 年的统计数据，全国有食品及农产品相关检测机构 6 328 家，其中食品及食品接触材料 3 495 家，营收总额为 186.29 亿元，比 2020 年增长了 10.19%；农林牧渔业 2 833 家，营收总额为 67.90 亿元，比 2020 年增长了 8.66%。目前行业内开展食品检测业务的综合性第三方上市检测公司主要有广电计量、华测检测和谱尼测试。华测检测和谱尼测试作为食品、环境检测的龙头企业，在全国范围内设立多家分支机构，检测规模较大。

 拓展知识

夯实粮食安全根基，端牢"中国饭碗"

《光明日报》2022-11-29

仓廪实，天下安。对我们这样一个有着14亿人口的大国来说，农业基础地位任何时候都不能忽视和削弱，手中有粮、心中不慌在任何时候都是真理。习近平总书记在党的二十大报告中指出，"全方位夯实粮食安全根基""全面落实粮食安全党政同责""确保中国人的饭碗牢牢端在自己手中"，对保障国家粮食安全提出了更高要求，进一步明确了全方位夯实粮食安全根基的战略部署。

有志气地回答"谁来养活中国"这一问题。十年来，以习近平同志为核心的党中央坚持人民至上，把解决吃饭问题作为治国理政的头等大事，将保障国家安全作为保障人民切身利益最重要的议题。实施"以我为主、立足国内、确保产能、适度进口、科技支撑"的国家粮食安全战略，提出"确保谷物基本自给、口粮绝对安全"的新粮食安全观，采取一系列措施并成功走出特色粮食安全之路，为新的历史征程上保障粮食安全奠定了坚实的基础。

有骨气地回答"谁来种粮和怎么种粮"这一问题。"谁来种粮、怎么种粮"是决定我们中国人的饭碗能否牢牢端在自己手中的关键。党的十八大以来，以习近平同志为核心的党中央充分调动农民积极性、保障农民切身利益，不断夯实中国粮食安全保障体系的治理机制，粮食安全的外生环境不断得到深入治理和优化。习近平总书记强调，确保重要农产品特别是粮食供给，是实施乡村振兴战略的首要任务。

有底气地回答"靠什么产粮"这一问题。"靠什么产粮"是解决我们中国人自己饭碗里能否装上中国粮食的基本条件。习近平总书记指出："把提高农业综合生产能力放在更加突出的位置，把'藏粮于地、藏粮于技'真正落实到位。"全面贯彻党的二十大精神，要坚守保障粮食安全的耕地红线，采取"长牙齿"的硬措施，不断夯实大国粮仓"耕基"，保护好黑土地这个"耕地中的大熊猫"。

当前，应坚持构建大食物观，统筹山水林田湖草和海洋食物及其他农作物的综合开发，建立既满足当前国民生产生活需求又实现绿色循环可持续发展的大食物安全生态链，开展替代性食物研究，统筹口粮、饲料粮、动物蛋白的国内外市场。迈上新征程，我们要始终绷紧粮食安全这根弦，切实把党的二十大提出的目标任务落到实处，全方位夯实粮食安全根基，守好大国粮仓，端牢"中国饭碗"，为顺利实现第二个百年奋斗目标提供强有力支撑。

四、学习食品检测的意义

食品是人类生命和健康所需要的能量源，与人类的生存和发展有着密切的关系，而吃进去的食物是否有毒，是否会带来生命安全隐患，是否符合食物安全标准，这一切都需要有对应的法律法规等制度去约束才能保证人们买到、吃到的食物是合格的、安全的。如何提高并保证食品的安全性，成为食品工业发展进程中的一个关键问题。想要在我国的食品产业链建立有效的食品安全监督、管理、控制体系，保障国民的身体健康，必须建立相应的食品质量安全检测技术体系。食品检测的目的就是从食品源头到食品销售过程中发现食品质量安全问题，保障食品安全，持续提升食品质量，促进食品工业健康有序的发展。

（一）有利于保障食品安全

美国食品与药品管理局（Food and Drug Administration，FDA）的食品安全与应用营养中心（Center for Food Safety and Applied Nutrition，CFSAN）解释食品安全性的含义："食品安全性是一个

保证疾病或危害不会因为摄入食品而产生的连续体系，在从农场到餐桌这个连续体系中，农场（生产）、加工、运输、零售、餐桌（家庭）等所涉及的每个人在保持全民族食品供应安全中发挥相应的作用。"食品不安全的因素很多，产生食品安全的主要因素有生物污染、化学污染、物理污染和放射性污染（图1）。食品安全检测是保障食品安全至关重要的一个环节。通过食品安全检测的实施，可为食品的安全性提供保障，有利于及时检测出不合格的食品，避免其流入市场中，对于强化我国食品安全具有积极的意义。同时，食品检测的严格落实还能为人们的消费安全提供保障，基于食品检测标准，消费者可对食品的生产及销售展开监督。当有消费安全问题发生时，则能及时举报，从而维护自身的消费权益。

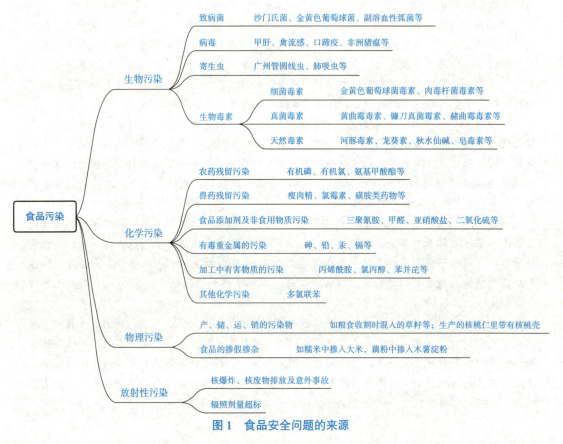

致病菌　沙门氏菌、金黄色葡萄球菌、副溶血性弧菌等

病毒　甲肝、禽流感、口蹄疫、非洲猪瘟等

寄生虫　广州管圆线虫、肺吸虫等

生物毒素
细菌毒素　金黄色葡萄球菌毒素、肉毒杆菌毒素等
真菌毒素　黄曲霉毒素、镰刀真菌霉素、赭曲霉毒素等
天然毒素　河豚毒素、龙葵素、秋水仙碱、皂毒素等

生物污染

化学污染
农药残留污染　有机磷、有机氯、氨基甲酸酯等
兽药残留污染　瘦肉精、氯霉素、磺胺类药物等
食品添加剂及非食用物质污染　三聚氰胺、甲醛、亚硝酸盐、二氧化硫等
有毒重金属的污染　砷、铅、汞、镉等
加工中有害物质的污染　丙烯酰胺、氯丙醇、苯并芘等
其他化学污染　多氯联苯

食品污染

物理污染
产、储、运、销的污染物　如粮食收割时混入的草籽等；生产的核桃仁里带有核桃壳
食品的掺假掺杂　如糯米中掺入大米，藕粉中掺入木薯淀粉

放射性污染
核爆炸、核废物排放及意外事故
辐照剂量超标

图1　食品安全问题的来源

（二）有利于提高食品质量

通过食品检测工作可以及时发现不合格的食品。这些不合格食品中有很大一部分是因为食品生产期间忽视了微生物因素、温度因素导致的食品变质，借助食品检测工作，可以及时发现导致食品变质的原因，进而帮助食品生产厂商采取针对性的措施解决食品变质问题，促进食品生产技术的升级。与此同时，在食品运输期间，如果存在包装不严或温度不适宜的情况，同样会导致食品发生变质，借助食品检测技术可以帮助食品生产厂商及运输人员明确问题环节。如果是生产环节存在问题，则要从生产入手；如果是运输环节出现问题，则应做好运输期间的食品储存工作。

（三）推动生产技术升级

一些生产者为推出能够吸引消费者的产品，在生产流程中选择加入不符合规定的添加剂或添加剂使用过量，导致该类食品存在较大的安全风险，威胁食用者健康。因此，应把好质量关，若食品检测结果不达标，则不能投入市场。由此来看，经营方若要实现经济利益的增加，必须在确保食品质量的前提下，提高加工制作效率，不断更新优化生产工艺。进一步来说，实施全面的食品检测有利于推动生产技术升级。

（四）改善食品运营环境

食品安全关系到居民的健康与生命安全，与社会稳定、经济进步存在较大的关联。但近些年，食品安全问题仍旧未能完全杜绝，究其根本在于全过程监管力度不足，同时，食品市场的加工厂、经营方面等存在法律意识欠缺、产品质量安全观念不强等问题。另外，消费者自身在食品安全方面也缺乏关注度。借助食品检测，能提前有效辨别市面上的各类产品，处理不符合相关标准的食品，并借助媒体渠道，将检测评估结论及时传达给公众，同时指出产品的具体问题，使消费者清楚问题产生的原因，并逐渐提高自身对食品安全的关注度，明确不合格产品对身体的伤害，以此使人们都能重视食品安全。在食品检测持续进步中，有更多的消费者更加重视"3·15"当日发布的新闻，这种大趋势对进一步优化食品行业运营环境有较大的帮助性作用。

（五）增强食品安全监管

我国食品安全规范与检测方式经过全方位优化，使食品安全体系也更加完善，旨在确保相关方面的强制性要求得到全面执行。食品检测机构必须加强对工作技术的创新，把握好食品安全关卡。在评估食品安全风险中，应对产品从原料到最终流入市场成品的整个供应链进行检测分析。从危害物质的毒理学及生物学的角度加以科学评估，提供定量与定性的检测结果。如果未能对食品安全实施合理评估，则后续的监管工作无法实现全面落实，从而会导致食品监管效力不足。在实施食品检测后，既能准确检测出各类产品内有无不安全的物质，还能确定危害物质的含量与类型，生成详细的评估报告，为监管人员提供基础性的工作依据。由此来看，食品检测对保障食品安全具有极其重要的价值，可全面增强食品安全监管。

（六）引导消费者健康饮食

预包装食品有"营养标签"，营养标签包含能量、蛋白质、脂肪（饱和脂肪酸、不饱和脂肪酸）、碳水化合物、钠等营养成分含量。食品检测为营养标签提供数据支持，引导消费者合理选择预包装食品，促进公众膳食营养平衡和身体健康，保护消费者知情权和选择权。

一方面，食品安全关系消费者的身体健康和生命安全，是消费者最关心的问题。食品质量检验检测标准统一，流入市场的食品安全有保证，才能使消费者买得放心，吃得安心。另一方面，食品的质量也关系到生产企业与整个行业的发展，食品检测工作对于食品安全、市场监管等均具有重要的影响，如果食品检验检测不到位，企业可能会变本加厉地为节约成本而滥用有害物质、添加剂，导致行业水平下降和食品品质混乱，使市场环境恶劣，食品质量下降。把握好食品检测关卡，可有效保证产品质量，对社会起到积极的驱动作用，因此，食品检验检测具有十分重要的社会地位，学习并应用食品检测技术对社会发展具有十分重要的意义。

总书记的"大食物观"
央视新闻　2023 年 2 月 15 日（节选）

翻开刚刚发布的 2023 年中央一号文件，"树立大食物观"首次被纳入"抓紧抓好粮食和重要农产品稳产保供"章节。

什么是"大食物观"？早在福建工作时，习近平总书记在《摆脱贫困》一书中提出："现在讲的粮食即食物，大粮食观念替代了以粮为纲的旧观念。"

30多年后，在2022年全国两会上，习近平总书记强调要树立大食物观，"在确保粮食供给的同时，保障肉类、蔬菜、水果、水产品等各类食物有效供给，缺了哪样也不行"。

从2015年中央农村工作会议首次提出"树立大农业、大食物观念"，到2022年中央农村工作会议强调"树立大食物观，构建多元化食物供给体系，多途径开发食物来源"，习近平总书记对"大食物观"的阐释不断丰富和发展。

··········

中华人民共和国成立后，我国经历了一段时间的食物短缺。在那个时期，食物问题几乎就等同于粮食问题。当时我国居民的食物消费以粮食为主，目标是有的吃，填饱肚子。

随着人民生活水平的日益改善，老百姓每天吃的东西已经不局限于主粮。统计显示，到2022年6月，我国食物总消费量从1978年的每人每年515千克，增长到每人每年超过1 400千克，城乡居民人均原粮消费由1978年每人每年247.8千克下降到130千克。减少主食摄入、增加副食摄入、注重食物种类多样性和营养搭配等，现在，蛋奶果蔬菌等这些一直被人们称作"副食"的食物，逐渐成了老百姓餐桌上的"主角"。

过去食物的生产来源主要是耕地，现在要从耕地资源向整个国土资源拓展——19亿亩耕地之外，还有30多亿亩的森林、4亿公顷的草原和300万平方千米的海洋，从这些资源的开发中，可以拓宽人们的食物来源。例如，我国是世界上主要渔业国家中唯一养殖产量超过捕捞产量的国家，世界上每3条养殖的鱼中就有2条来自中国。2021年，我国人均水产品占有量47.36千克，是世界平均水平的2倍，约占人均动物蛋白消费量的1/3。

··········

"大食物观要依靠科技发展，摆脱水土资源和劳动力的单一束缚，坚持绿色高质量发展，实现食物供给的可持续。"国家食物与营养咨询委员会主任陈萌山表示，随着数字技术、信息技术、人工智能技术和生物技术的发展，设施农业的发展将会进一步加快，将会与传统的农业技术、传统的生产方式并驾齐驱。

天下之大，黎元为先。以更好满足人民群众日益多元化的食物消费需求，推动实现全民健康为最终目标。树立大食物观，正是如此。

五、认识规范的检测流程

广义的食品检测流程包括样品采集、样品接收、样品制备、样品检测、数据处理及结果报告。对于食品检验机构，在样品采集前还需要进行合同评审工作，确保实验室具有满足客户需求的能力和资源。由政府主导的食品安全监督抽检任务第一步就是抽样，也属于样品采集，但由于监督抽查任务的特殊性，国家市场监督管理总局下发了《产品质量监督抽查管理暂行办法》（2020版），其中第九条规定，"监督抽查实行抽检分离制度。除现场检验外，抽样人员不得承担其抽样产品的检验工作。"2020年1月1日起实施抽检分离。狭义的食品检测流程包括样品接收、样品制备、样品检测、数据处理及结果报告，这也是食品检验的主要工作。《实验室质量控制规范 食品理化检测》（GB/T 27404—2008）标准对从事食品质量（包括感官和理化）、化学物质（包括有效成分、农兽药残留、食品添加剂、重金属、毒素、环境污染物等）检测的食品理化检测实验室的质量控制做出了规定，并制定了食品理化检测实验室工作流程，如图2所示。

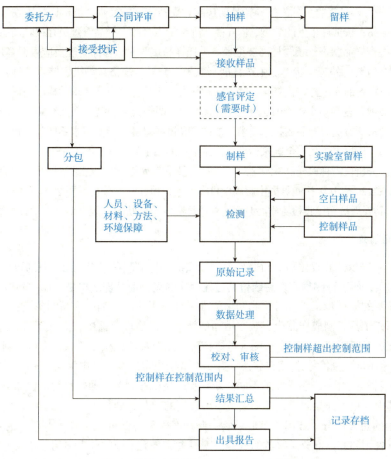

图2 食品理化检测实验室工作流程

（一）样品采集

样品采集是分析检测的第一步。**采样就是从大量分析对象中抽取有代表性的一部分作为分析材料的过程**。抽取的分析材料称为样品或试样。样品采集根据采样主体可分为自主采样和监督抽检。食品企业做出厂检验的样品采集就属于自主采样，是企业质量控制的关键环节。食品监督抽检是为了保障食品安全和推动食品产业高质量发展，由市场监管部门和农业农村部门开展的政府监管工作，主要可分为日常监督抽检、专项抽检和风险抽检。抽检工作首先要遵守相应的法律法规要求，如《食品安全抽样检验管理办法》；其次要依据相关的标准、规范或实施细则来开展，如国家食品安全监督抽检工作则要符合《国家食品安全监督抽检实施细则》的要求，食品抽样检验的一般原则与程序可参照国家标准《食品抽样检验通用导则》（GB/T 30642—2014）。对于不同类型的样品，要根据对应的标准来进行抽检工作，如在养殖、捕捞、加工、销售环节中对水产品及其加工品进行生产检验、监督检验时的样品的抽取可参照标准《水产品抽样规范》（GB/T 30891—2014）。

（二）样品接收

样品管理员负责样品的接收、登记、制备、传递、保留、处置等工作。样品接收，首先要检查样品的包装和状态，看是否有异常；其次要检查样品数量，样品数量不能少于规定数量，样品数量的多少应视样品检测项目的具体情况而定，至少不能少于测试用量的3倍，特殊情况下送样量不足时，需要在委托合同上注明。

在检测机构，样品接收可分为抽样样品的接收和委托样品的接收。抽样样品接收时，抽样人员需将随身带回的样品，按抽样单上的数量，向样品管理员清点交接。样品管理员在接收样品时，应检查封条是否完好，检查样品状态，填写样品登记表。委托样品接收时，样品管理员应根据客户的检测要求，查看样品状况（包装、外观、状态、生产日期、数量、型号、规格、等级、储存条件），并清点样品。认真检查样品及资料的完整性，检查样品的性状和状态是否适宜进行所要求的检测。样品数量应能确保检测用量。一般散装食品不少于 1.0 kg，包装商品不少于两个独立包装（总量不少于 1.0 kg）。样品接收时要充分考虑到检测方法对样品的技术要求，抽样量和试样量随着检测需求不同而变化，需要具体问题具体分析。例如，依据《食品安全国家标准　食品中铅的测定》（GB 5009.12—2023）检测贝类水产品中铅的含量，一次分析仅需称取样品 0.2 ～ 3.0 g，但依据《食品安全国家标准　贝类中腹泻性贝类毒素的测定》（GB 5009.212—2016）检测贝类中腹泻性贝类毒素，检样一次分析需要 200 g 贝肉，贝肉总量需在400 g 以上。样品管理员在接收检测样品时应记录该样品的特性状况、规格型号、质量等级等内容。

（三）样品制备

样品一般在完成感官评定后进行制样处理。**食品的样品制备是指利用工具通过物理方式将食品样品粉碎或均质，便于待测物质在后续检测过程中能够充分地被提取出来。**在食品检测工作中，样品制备作为检测的第一步工作，对检测结果的准确性有很大的影响。样品制备应在独立区域进行，使用洁净的制样工具。制成样品应盛装在洁净的塑料袋或惰性容器中，立即闭口，加贴样品标识，将样品置于规定温度环境中保存。检测人员应核对样品及标识，按委托项目进行检测。在检测过程中的样品，不使用时应始终保持闭口状态，并仍然置于规定温度环境中保存。

（1）不同种类的样品，制样要求不同。新鲜水产品试样制备，通常只留可食部分，搅碎混合均匀后待测。其中，鱼类样品制样，要求去掉不可食用的部分，如骨头、尾巴、腮、内脏器官等，只留下可以食用的鱼肉部分。虾属于节肢动物，制样时需要去除虾壳、虾头等坚硬的不可食用的部位，只留下可食用的虾肉部分。蟹类的取样，需要去除蟹类坚硬的外壳和用于呼吸的腮，留下可食用的肉；如有蟹黄，则需要分别制备一份带蟹黄和一份去蟹黄的试样供分析检测使用。对于新鲜叶菜类蔬菜，主要分为绿叶类和叶柄类。绿叶类蔬菜如菠菜、苋菜、白菜、莴苣、茼蒿等，制样时需要将其根部的组织切除，只留下具有代表性的叶菜捣碎制样；叶柄类的芹菜等则需要将其根部的组织切除，留下属于营养器官的可食用茎捣碎制样。

（2）同一样品，检测项目不同，制样要求也不同。同样是新鲜山药，检测农药残留项目，则无须去皮制样；如果检测项目是重金属指标，则需要去皮制样。对于坚果炒货类样品，如果有检测霉变粒的项目，则需要完整的未经制样的样品 500 g 左右，再将剩余样品适量粉碎均匀待测。带壳的坚果炒货，如果有元素类的项目则需要去壳制样。另外，有酸价、过氧化值检测项目的样品，还需要制一份带壳粉碎的样品；有黄曲霉毒素检测项目的样品，则需制一份去壳的试样待测。

制备好的分析样品根据需要一般采取常温、冷藏和冻藏的方式保存。其中，对于需要测定过氧化值、挥发性盐基氮和组胺检测项目的新鲜肉类或水产品，应将一份分析样品冷冻保存以用于此类项目检测。需要测定水分含量的分析样品，不能放入冰箱存放，会影响检测结果。一般来说，含水量较小的分析样品需常温保存，如糖果，胶囊类、片剂类的保健品，稻谷，干货等。各类样品的制备方法、留样要求、盛装容器和保存条件可参考表1。

表1　样品的制备和保存

样品类别	制样和留样	盛装容器	保存条件
粮谷、豆、烟叶、脱水蔬菜等干货类	用四分法缩分至约300 g，再用四分法分成两份，一份留样（>100 g），另一份用捣碎机捣碎混匀供分析用（>50 g）	食品塑料袋、玻璃广口瓶	常温、通风良好

样品类别	制样和留样	盛装容器	保存条件
水果、蔬菜、蘑菇类	去皮、核、蒂、梗、籽、芯等，取可食部分，沿纵轴剖开成两半，截成四等份，每份取出部分样品混合均匀；用四分法分成两份，一份留样（>100 g），另一份用捣碎机捣碎混合均匀供分析用（>50 g）	食品塑料袋、玻璃广口瓶	−18 ℃以下的冰柜或冰箱冷冻室
坚果类	去壳，取出果肉，混匀，用四分法分成两份，一份留样（>100 g），另一份用捣碎机捣碎混合均匀供分析用（>50 g）	食品塑料袋、玻璃广口瓶	常温、通风良好、避光
饼干、糕点类	硬糕点用捻钵粉碎，中等硬糕点用刀具、剪刀切细，软糕点按其形状进行分割；混匀，用四分法分成两份，一份留样（>100 g），另一份用捣碎机捣碎混合均匀供分析用（>50 g）	食品塑料袋、玻璃广口瓶	常温、通风良好、避光
块冻虾仁类	将块样划成四等份，在每一份的中央部位钻孔取样，取出的样品用四分法分成两份，一份留样（>100 g），另一份室温解冻后弃去解冻水，用捣碎机捣碎混合均匀供分析用（>50 g）	食品塑料袋	−18 ℃以下的冰柜或冰箱冷冻室
单冻虾、小龙虾	室温解冻，弃去头尾和解冻水，用四分法缩分至约300 g，再用四分法分成两份，一份留样（>100 g），另一份用捣碎机捣碎混合均匀供分析用（>50 g）	食品塑料袋	−18 ℃以下的冰柜或冰箱冷冻室
蛋类	以全蛋作为分析对象时，磕碎蛋，除去蛋壳，充分搅拌；蛋白、蛋黄分别分析时，将其分开，分别搅拌均匀。称取分析试样后，其余部分留样（>100 g）	玻璃广口瓶、塑料瓶	5 ℃以下的冰箱冷藏室
甲壳类	室温解冻，去壳和解冻水，四分法分成两份，一份留样（>100 g），另一份用捣碎机捣碎混合均匀供分析用（>50 g）	食品塑料袋	−18 ℃以下的冰柜或冰箱冷冻室
鱼类	室温解冻，取出1～3条留样，另将鱼样的可食部分用捣碎机捣碎混匀供分析用（>50 g）	食品塑料袋	−18 ℃以下的冰柜或冰箱冷冻室
蜂王浆	室温解冻至融化，用玻璃棒充分搅拌均匀，称取分析试样后，其余部分留样（>100 g）	塑料瓶	−18 ℃以下的冰柜或冰箱冷冻室
禽肉类	室温解冻，在每一块样品上取出可食部分，用四分法分成两份，一份留样（>100 g），另一份切细后用捣碎机捣碎混合均匀供分析用（>50 g）	食品塑料袋	−18 ℃以下的冰柜或冰箱冷冻室
肠衣类	去掉附盐，沥净盐卤，将整条肠衣对切，一半部分留样（>100 g），从另一半部分的肠衣中逐一剪取试样并剪碎混合均匀供分析用（>50 g）	食品塑料袋	−18 ℃以下的冰柜或冰箱冷冻室
蜂蜜、油脂、乳类	未结晶、结块样品直接在容器内搅拌均匀，称取分析试样后，其余部分留样（>100 g）；对有结晶析出或已结块的样品，盖紧瓶盖后，置于不超过60 ℃的水浴中温热，样品全部融化后搅拌均匀，迅速盖紧瓶盖冷却至室温，称取分析试样后，其余部分留样（>100 g）	玻璃广口瓶、原盛装瓶	蜂蜜常温保存，油脂、乳类5 ℃以下的冰箱冷藏室保存
酱油、醋、酒、饮料类	充分摇匀，称取分析试样后，其余部分留样（>100 g）	玻璃瓶、原盛装瓶酱油、醋不宜用塑料或金属容器	常温
罐头食品类	取固形物或可食部分，酱类取全部，用捣碎机捣碎混匀供分析用（>50 g），其余部分留样（>100 g）	玻璃广口瓶、原盛装罐头	5 ℃以下的冰箱冷藏室
保健品	用四分法缩分至约300 g，再用四分法分成两份，一份留样（>100 g），另一份用捣碎机捣碎混合均匀供分析用（>50 g）	食品塑料袋、玻璃广口瓶	常温、通风良好

（四）样品检测

样品检测是食品检验的核心环节，样品检测需要先确定检测方法，再按照检测方法要求进行样品前处理，最后是样品测定。

1. 方法确定

食品检测方法可分为标准方法和非标准方法。我国的标准方法包括国家标准（GB）、行业标准（SB、SN、SC、NY）、地方标准（DB）、团体标准（T）和经标准化主管部门备案的企业标准（QB）。一般优先采用国家标准和行业标准，在没有标准的情况下，可以制定非标准方法，但需要按照规定对方法进行验证和确认。

一般根据检测项目、限量标准，并结合产品类别和产品标准确定检测方法。

（1）根据限量标准确定检测方法。例如，如果检测项目为真菌毒素、污染物（重金属、多氯联苯等）和农药残留类，可以从对应的限量标准中查询到该项目的检测方法。例如，黄曲霉毒素 B₁ 的检测方法可以查找标准《食品安全国家标准 食品中真菌毒素限量》（GB 2761—2017），从标准中可以得到规定的检测方法，"4.1.2 检验方法：按 GB 5009.22 规定的方法测定。"同样，污染物多氯联苯的测定可以依据国家标准《食品安全国家标准 食品中污染物限量》（GB 2762—2022）中规定的检测方法进行检测（图 3）；农药残留项目苯硫威的测定可以依据《食品安全国家标准 食品中农药最大残留限量》（GB 2763—2021）中规定的检测方法进行检测（图 4）。

4.11 多氯联苯

4.11.1 食品中多氯联苯限量指标见表 11。

表 11 食品中多氯联苯限量指标

食品类别(名称)	限量* mg/kg
水产动物及其制品	0.5

* 多氯联苯以 PCB28、PCB52、PCB101、PCB118、PCB138、PCB153 和 PCB180 总和计。

4.11.2 检验方法：按 GB 5009.190 规定的方法测定。

图 3 食品中多氯联苯的限量指标及检测方法

4.29 苯硫威(fenothiocarb)

4.29.1 主要用途：杀螨剂。

4.29.2 ADI：0.007 5 mg/kg bw(临时)。

4.29.3 残留物：苯硫威。

4.29.4 最大残留限量：应符合表 29 的规定。

表 29

食品类别/名称	最大残留限量，mg/kg
水果	
柑	0.5*
橘	0.5*
橙	0.5*

* 该限量为临时限量。

4.29.5 检测方法：水果按照 GB 23200.8、GB 23200.113 规定的方法测定。

图 4 农药苯硫威的限量指标及检测方法

（2）根据检测范围确定合适的检测方法。《食品安全国家标准 食品添加剂使用标准》（GB 2760—2014）和《食品安全国家标准 食品中兽药最大残留限值》（GB 31650—2019）没有规定相应的检测方法，遇到这类检测项目，可以在中国标准信息服务网或食品伙伴网上检索待测项目的检测方法。需要注意的是，不同的检测方法，可能适用范围不同，要选择适合样品的检测方法。例如，《食品安全国家标准 食品中合成着色剂的测定》（GB 5009.35—2023）适用于饮料、配制酒、硬糖、蜜饯、淀粉软糖、巧克力豆及着色糖衣制品中合成着色剂（不含铝色锭）的测定。胭脂红也是合成着色剂，但如果检测肉制品中的胭脂红，则要选择《肉制品　胭脂红着色剂测定》（GB/T 9695.6—2008）中规定的方法进行测定。即使同一个检测标准，可能也包含好几种检测方法，每一种方法的适用范围也会不同。例如，《食品安全国家标准　食品中环己基氨基磺酸盐的测定》（GB 5009.97—2023），如果要测定白酒中的环己基氨基磺酸钠（俗称甜蜜素），则不能用气相色谱法，因为用该法样品前处理中酒精没有去除干净，可能会造成测定结果假阳性。因此，如果要检测白酒中的环己基氨基磺酸钠，应该选择液相色谱 – 质谱 / 质谱法（图 5）。

GB 5009.97—2023

食品安全国家标准

食品中环己基氨基磺酸盐的测定

1　范围

本标准规定了食品中环己基氨基磺酸盐的测定方法。

第一法气相色谱法适用于食品（蒸馏酒、发酵酒、配制酒、料酒及其他含乙醇的食品除外）中环己基氨基磺酸盐的测定。

第二法液相色谱法适用于食品中环己基氨基磺酸盐的测定。

第三法液相色谱-质谱/质谱法适用于食品中环己基氨基磺酸盐的测定。

图 5　GB 5009.97—2023 标准中各检测方法的适用范围

找到合适的检测方法后，还要考虑实验室的试验条件、仪器设备等因素，以及确认该方法是否在实验室认证的能力范围之内，然后确定样品的最终检测方法。

（3）根据产品标准确定合适的检测方法。与产品质量相关的检测项目，一般从产品标准中查询对应的检测方法。产品标准中规定了产品的质量指标和检测方法，有的检测方法会在产品标准中以附录的形式呈现，有的则需要在标准中"试验方法"的条目下查找。例如，清香型白酒的产品标准是《白酒质量要求　第 2 部分：清香型白酒》（GB/T 10781.2—2022），若要测定清香型白酒中的乙酸乙酯含量，可以从该标准中找到乙酸乙酯的测定"按 GB/T 10345 规定执行"。

2. 编制作业指导书和原始记录

如果是首次采用的标准方法，在应用于样品检测前应对方法的技术要素（包括回收率、精密度、标准曲线工作范围等）进行验证。验证发现标准方法中未能详述，但会影响检测结果处，应将详细操作步骤编写成作业指导书，经审核批准后作为标准方法的补充。作业指导书一般比标准内容更为详尽，步骤更加细致，包含了试验中的注意事项，可操作性更强。原始记录是根据检测方法进行编制的，用于试验过程中试验数据的记录和结果计算。原始记录需要包含样品编号、样品名称、检测依据、检测地点、环境条件、主要仪器及型号、样品和仪器在分析前与分析后的状态、试样质量、定容体积、检测结果、检测结论等内容，见表2。

表 2　食品中甜味剂、防腐剂检验原始记录

样品编号		样品名称	
检测依据		检测地点	
主要仪器及型号		环境条件	温度：　　℃　　湿度：　　%RH
分析前	测样品状况：□完好□异常 仪器状况：□正常□异常	分析后	测样品状况：□完好□异常 仪器状况：□正常□异常

续表

主要色谱条件	流动相： 色谱柱：	柱温：	进样体积：		检测器：		检测波长：	
试样质量 m/g				定容体积 V/mL				
检测项目	技术要求/ $(g \cdot kg^{-1})$	上机浓度 ρ/ $(mg \cdot L^{-1})$	标曲线性方程	计算公式	检验结果 X/ $(g \cdot kg^{-1})$	平均值/ $(g \cdot kg^{-1})$	修约值/ $(g \cdot kg^{-1})$	检验 结论
苯甲酸/ $(g \cdot kg^{-1})$	□不得检出 □≤			$$\dfrac{\rho \times V}{m \times 1\,000}$$				□符合 □不符合
山梨酸/ $(g \cdot kg^{-1})$	□不得检出 □≤							□符合 □不符合
备注	1. ND：表示"未检出"；2. 检出限：取样 2 g 定容 50 mL 时，苯甲酸、山梨酸的检出限 0.000 5 g/kg，定量限 0.01 g/kg；3. 结果保留三位有效数字							

检验：　　　　　　　　　　校核：　　　　　　　　　　检验日期：

 小知识　原始记录中的技术要求指的是被检测产品执行标准中的限量要求。在我国，所有的产品无论执行标准是什么，添加剂都应符合《食品安全国家标准　食品添加剂使用标准》（GB 2760—2014），表 2 中的"技术要求"指的是《食品安全国家标准　食品添加剂使用标准》（GB 2760—2014）中对糕点中苯甲酸和山梨酸的限量值。

3. 样品检测

样品经采集、制备得到试样以后，进行食品理化检验时，常常利用食品中的欲测定成分发生某种特殊的、可以观察到的化学反应或物理化学变化，来判定被测物质存在与否和含量的多少。食品的成分很复杂，往往由于杂质（或其他成分）的干扰，掩盖了反应的外观变化，或阻止了反应的进行，使检验者对被测物质的存在和数量无法进行判断，达不到定性定量的目的。所以，需要通过一些试验手段对样品进行处理后才能进一步分析。一般样品前处理所占用的时间最多，对结果的影响也最大。

（1）样品前处理。一般各种样品采样后直接进行分析的可能性极小，都要经过制备与前处理才能测定。其目的为：一是除去样品中基体干扰与其他干扰物；二是浓缩痕量的被测组分，提高方法的灵敏度，降低最小检测极限；三是通过衍生化与其他反应使被测物转化为检测灵敏度更高的物质或与样品中干扰组分能分离的物质，提高方法的灵敏度与选择性；四是缩减样品的质量与体积，便于运输与保存，提高样品的稳定性，不受时空的影响；五是保护分析仪器及测试系统，以免影响仪器的性能与使用寿命。

有些样品的检测项目在测定前对样品进行分析前处理比较费时，操作过程十分烦琐，技术要求高，直接影响测定结果。这就要求特别重视样品的前处理，对不同的样品及测定项目，应选择适当的方法满足测定要求。

样品前处理环节包括样品溶解、样品分解、样品提取、样品分离、样品净化、样品浓缩与富集等。每个环节又包含多种前处理方法，如可以采用过滤、离心、沉淀等方法达到样品分离的目的；可以采用旋转蒸发和氮吹的方法将溶液中的大部分溶剂除去，使溶液中存在的所有溶质的浓度都同等程度地提高，使样品得到浓缩；通过柱层析、固相萃取的方法除去样品中影响检测的干扰基体或共存组分，达到样品净化的目的；通过微波消解或干法灰化的方法破坏样品基质，使待测元素从样品基质中释放出来，达到样品分解的目的。处理复杂样品还要多种方法配合，操作步骤很多，如检测兽药残留时会用到固相萃取、离心、氮吹等前处理方法，检测有机磷农药残留时会用到均质、旋涡混合、液液萃取、氮吹等前处理方法。

食品基质不同，其前处理方法也不同。食品中脱氢乙酸的测定，依据《食品安全国家标准　食品中脱氢乙酸的测定》(GB 5009.121—2016)标准中第一法气相色谱法进行检测。如果样品是果蔬汁，那么样品前处理步骤就比较简单，只需将样品称量后加水稀释，再加盐酸溶液酸化后用乙酸乙酯提取，取上清液测定即可。如果样品是肉制品或黄油，则需要加硫酸锌沉淀蛋白质，还需要用正己烷去除脂肪，前处理步骤增多。

> 小思考　查阅《食品安全国家标准　食品中脱氢乙酸的测定》(GB 5009.121—2016)，思考如果测定豆腐乳中的脱氢乙酸，应该参照哪个前处理方法。

(2)样品测定。样品测定前应做好各项准备工作：第一，核对标签、检测项目和相应的检测方法；第二，按检测方法的要求准备仪器和器皿，使用符合分析要求的试剂和水，按检测方法配制试剂、标准溶液等；第三，检查检测现场清洁度、温度等可能影响测试质量的环境条件；第四，选用规范的原始记录表。

通过样品前处理制备好试样后，就要进行样品测定了。进行色谱分析和光谱分析的样品，需要根据样品中待测物质的大概含量，配制合适的标准工作溶液或系列标准工作溶液。一般依据标准检测方法中规定的浓度进行配制，如果测定结果超过标准工作曲线范围，进行调整后重新配制。

标准中的仪器分析方法，尤其是色谱条件，在实际操作中可能会因为仪器品牌、型号及色谱柱不同，无法直接应用，需要在本实验室仪器上对该仪器方法进行优化和适应性调整，并进行方法确认，调整后的仪器条件才能用于实际样品的测定。通常，食品检测实验室会在食品检测资质认证或扩项评审前完成这部分工作。

样品测定按照检测方法和作业指导书操作。需要时，可以随同样品测试做空白试验、标准物质测试和控制样品的回收率试验。样品在测定过程中，如果试样量较大，为了保证结果准确可靠，分析过程应以标准—空白样品—控制样品—测试样品为循环进行，顺序可根据实际情况安排。

当检测出农兽药残留、添加剂含量超过控制限量时，应采用质谱、光谱、双柱定性等方法进行确证或复测。当测试过程出现不正常现象应详细记录，采取措施处置。常规样品的检测至少应做双试验(也就是做平行样检测)。新开检验项目、复检或疑难项目的检测应做多试验。检测人员应在原始记录表上如实记录测试情况及结果，字迹清楚，划改规范，保证记录的原始性、真实性、准确性和完整性。

(五)数据处理

食品质量安全检测数据处理可分为定性分析和定量计算，涉及色谱、质谱的检测方法需要先进行定性分析，主要是利用仪器数据分析软件辅助定性。

检测人员对检测方法中的计算公式应正确理解，保证检测数据的计算和转换不出差错，对计算结果应进行自校和复核。如果检测结果用回收率进行校准，应在原始记录的结果中明确说明并描述校准公式。检测结果的有效位数应与检测方法中的规定相符，计算中间所得数据的有效位数应多保留一位。有效数字和数字修约需遵守标准《食品卫生检验方法　理化部分　总则》(GB/T 5009.1—2003)和《数值修约规则与极限数值的表示和判定》(GB/T 8170—2008)。需要注意的是进舍规则和不连续修约规则。

食品理化检验中直接或间接测定的量，一般都用数字表示，但它与数学中的"数"不同，而仅仅表示量度的近似值。在测定值中只保留一位可疑数字，如 0.012 3 与 1.23 都为三位有效数字。当数字末端的"0"不作为有效数字时，要改写成用数字乘以 10^n 的形式来表示。如 24 600 取三位有效数字，应写作 2.46×10^4。

（1）运算规则：除有特殊规定外，一般可疑数表示末位1个单位的误差；复杂运算时，其中间过程多保留一位有效数，最后结果须取应有的位数；加减法计算的结果，其小数点以后保留的位数，应与参加运算各数中小数点后位数最少的相同；乘除法计算的结果，其有效数字保留的位数，应与参加运算各数中有效数字位数最少的相同；方法测定中按其仪器准确度确定了有效数的位数后，先进行运算，运算后的数值再修约。

（2）进舍规则：一是拟舍弃数字的最左一位数字小于5，则舍去，保留其余各位数字不变。例如，将12.149 8修约到"个"数位，得12；将12.149 8修约到一位小数，得12.1。二是拟舍弃数字的最左一位数字大于5，则进一，即保留数字的末位数字加1。例如，将1 268修约到"百"数位，得13×10^2（特定场合可写为1 300）。三是拟舍弃数字的最左一位数字是5，且其后有非0数字时进一，即保留数字的末位数字加1。例如，将10.500 2修约到"个"数位，得11。四是拟舍弃数字的最左一位数字为5，且其后无数字或皆为0时，若所保留的末位数字为奇数（1，3，5，7，9）则进一，即保留数字的末位数字加1；若所保留的末位数字为偶数（0，2，4，6，8），则舍去。例如，修约间隔为0.1，将0.35修约后为0.4。修约间隔是指修约值的最小数值单位。

（3）不允许连续修约：拟修约数字应在确定修约间隔或指定修约数位后一次修约获得结果，不得多次连续修约。例如，修约97.46，修约间隔为1，正确的做法：97.46 → 97；不正确的做法：97.46 → 97.5 → 98。修约15.454 6，修约间隔为1，正确的做法：15.454 6 → 15；不正确的做法：15.454 6 → 15.455 → 15.46 → 15.5 → 16。

（六）结果报告

报告编制人员负责报告的正确编制，报告审核人员负责报告的审核，授权签字人负责报告的签发。报告可以根据检验性质进行分类和标示，如监督抽检可分为生产环节、流通环节、餐饮环节食品安全监督抽检／风险监测等。

1. 报告编制的规定

报告封面和封底应包含以下信息：标题；检测机构名称、地址、邮编和通用业务电话、传真、电话号码；省级资质认定、CNAS认可标志等（适用时）；中心的地址、邮编和通用业务电话、传真、电话号码；类似"检测结果仅对送检样品负责"的声明；类似"未经实验室书面同意，不得部分复制本报告（完整复制除外）"的声明；类似"本报告经授权签字人签字（签章），并加盖本检测机构印章后方有效"的声明。

报告的首页有以下信息：样品唯一性编号，标明共几页第几页，共几页包括首页和其他页；样品名称、型号规格、商标、质量等级／等级、生产日期或批号；被抽样单位／受检单位、标示生产者／生产单位的全称、委托单位全称、联系信息；抽样数量／到样数量、备样数量、抽样基数、抽样人员／送样人员、抽样地点、样品的抽样／送样日期、接收日期和检测日期、样品状态描述、检查封样人员（适用时）；检测依据；检测结论（报告的符合性声明）；当该检测项目对环境和设施有严格条件要求时，应标明相应条件，必要时应对抽样过程及方法加以说明；编制人、审核人和签发人的签名，加盖检验专用章、签发日期；必要时，注明分包项目和分包方、受检单位联系方式及其他需要说明的情况等。

报告的其他页有以下信息：报告唯一性编号，标明共几页第几页；检测项目序号、检测项目名称、技术要求、检测结果、单项结论、不确定度（客户要求时）；报告结束的标识，如"以下空白"。

2. 报告内容的填写

报告内容填写中最难的部分就是"技术要求"的确定，技术要求也就是通常所说的判定标准。判定标准通常可分为质量标准和安全标准。质量标准主要是指产品标准，包括了食品感官、水分、总糖、总酸等指标的技术要求，例如，《白酒质量要求 第2部分：清香型白酒》（GB/T 10781.2—2022）就属于产品质量标准；安全标准一般为通用标准，包括《食品安全国家标准 食品添加剂使用标准》（GB 2760—2014）、《食品安全国家标准 食品中真菌毒素限量》（GB 2761—2017）、《食品安全国家标准 食品中污染物限量》（GB 2762—2017）、《食品安全国家标准 食品中农药最大残留限量》（GB 2763—2021）、《食品安全国家标准 预包装食品中致病菌限量》（GB 29921—2021）、《食品安全国家标准 食品中兽药最大残留限量》（GB 31650—2019）等。在确定技术要求时，还要及时查看相关标准的增补公告，以免出现错误。

要确定技术要求并不容易，因为即使是同一个检测项目，判定依据会因为样品类别不同而不同。 例如，一款名为"××话梅"的蜜饯产品，食品添加剂糖精钠的检测结果为 2.0 g/kg，需要根据技术要求给出判定结果。查找《食品安全国家标准 食品添加剂使用标准》（GB 2760—2014）（图 6）发现糖精钠的限量要求并不相同，在蜜饯凉果大类的最大使用量为 1.0 g/kg，但其中凉果类、话化类和果糕类中糖精钠的最大使用量为 5.0 g/kg。如何确定技术要求呢？首先要确定"××话梅"属于蜜饯凉果产品中的小类。根据蜜饯产品的生产工艺和蜜饯产品标准《蜜饯质量通则》（GB/T 10782—2021）中产品分类定义，确定"××话梅"属于话化类蜜饯，糖精钠的技术要求应为 ≤ 5.0 g/kg，单项结论为符合。

糖精钠　　　　　　　　　sodium saccharin
CNS 号　19.001　　　　　INS 号　954
功能　甜味剂、增味剂

食品分类号	食品名称	最大使用量/(g/kg)	备注
03.0	冷冻饮品(03.04 食用冰除外)	0.15	以糖精计
04.01.02.02	水果干类(仅限芒果干、无花果干)	5.0	以糖精计
04.01.02.05	果酱	0.2	以糖精计
04.01.02.08	蜜饯凉果	1.0	以糖精计
04.01.02.08.02	凉果类	5.0	以糖精计
04.01.02.08.04	话化类	5.0	以糖精计
04.01.02.08.05	果糕类	5.0	以糖精计
04.02.02.03	腌渍的蔬菜	0.15	以糖精计
04.04.01.05	新型豆制品(大豆蛋白及其膨化食品、大豆素肉等)	1.0	以糖精计
04.04.01.06	熟制豆类	1.0	以糖精计

图 6　糖精钠的限量要求

技术要求填写错误，可能会造成判定结论错误，所以需要非常谨慎。如食品添加剂指标的结果判定，最大使用限量可能需要换算，如固体饮料中食品添加剂的最大使用限量并不是标准上标注的结果，需要按稀释倍数增加使用量。此外，还要考虑同一功能食品添加剂的使用比例之和是否超过 1，以及是否适用带入原则。

 小思考　　一款甜橙粉固体饮料，冲泡比例是粉∶水为 1∶9，食品添加剂柠檬黄的检测结果为 1.2 g/kg，是否符合《食品安全国家标准 食品添加剂使用标准》（GB 2760—2014）标准要求？

3. 报告的审核、签发

报告由检验人员负责编制检测原始记录、核验人员负责核查检测原始记录；报告编制人员负责编制、报告审核人员负责审核、技术负责人负责签发。检验人员负责检测数据项目完整性，原始数据与计量器具精度的一致性，计量单位、术语、检验方法、数据处理，数值修约的正确性。核验人员负责核验检测数据项目完整性，原始数据与计量器具精度的一致性，计量单位、术语、检验方法、数据处理、数值修约的正确性。报告编制人员负责报告的内容与原始记录的一致性，检测项目的完整性，计量单位、术语、检测结论表达、报告内容的完整性。报告审核人员负责审核报告编制所依据的各种原始数据、资料的完整性（包括抽样单、委托单、原始记录、任务单）；检测任务单或委托方检测要求的符合性；采用的检测依据和检测设备的正确性；报告内容的完整性；报告结论的正确性；必需的备注。技术负责人或授权签字人负责报告的签发，签发时应审核报告的检测依据是否有效、恰当，检测结论的正确性、报告的完整性。需要时对检测结果作出意见和解释。

检测机构根据技术要求对检测结果进行了符合性判定。是否需要对检测结果作出判定，由客户决定，一般在合同评审过程中作出约定。

码 2
附件 2-1 检测报告
（有机磷）

码 3
附件 2-2 检测报告
（重金属等，含技术要求）

👉 思考题

一、选择题

1. ［多选］检测市场按参与者的不同性质来划分，可分为（　　）。
   A. 政府检验检测　　　B. 企业内部检测　　　C. 第一方检测　　　D. 独立第三方检测
2. ［单选］"四个最严"是指（　　）。
   A. 最严格的监管、最严厉的处罚、最严谨的标准、最严肃的问责
   B. 最严谨的标准、最严格的监管、最严厉的处罚、最严肃的问责
   C. 最严厉的处罚、最严肃的问责、最严谨的标准、最严格的监管
   D. 最严格的监管、最严谨的标准、最严厉的处罚、最严肃的问责

二、填空题

1. 广义的食品检测流程包括样品采集、样品接收、样品制备、_____、_____。
2. 采样就是从大量分析对象中抽取_____作为分析材料的过程。
3. 一般样品前处理所占用的时间_____，对结果的影响也_____。
4. 报告内容填写中最难的部分就是_____的确定，也就是通常所说的判定标准。

三、判断题

1. 一般各种样品采样后直接进行分析的可能性较大，可以快速地进行分析。（　　）
2. 食品的样品采集是指利用工具通过物理方式将食品样品粉碎或均质，便于待测物质在后续检测过程中能够充分地被提取出来。（　　）
3. 样品检测是食品检验的核心环节，样品检测需要先确定检测方法，再按照检测方法要求进行样品前处理，最后是样品测定。（　　）
4. 作业指导书一般比标准内容更为简略。（　　）

👉 食品检测技术人员工作中主要使用的网站

食品伙伴网 http://www.foodmate.net/
中国合格评定国家认可委员会 https://www.cnas.org.cn/
中国认证认可协会 http://www.ccaa.org.cn/
国家市场监督管理总局 https://www.samr.gov.cn/
中华人民共和国农业农村部 http://www.moa.gov.cn/
仪器信息网 https://www.instrument.com.cn/
分析测试百科网 https://www.antpedia.com/

模块一

食品添加剂检测

　　风味独特的香肠和腊肉、色泽诱人的饮料、方便美味的预包装糕点是人们生活中常见的食品，香肠和腊肉中的护色剂、饮料中的色素、糕点中的防腐剂都是应用广泛的食品添加剂，食品生产者、监管者和消费者对它们都很关注，为了确保食品添加剂使用的安全性，需要对其进行检测。通过腊肉中护色剂检测、饮料中色素检测、糕点中防腐剂检测三个项目的学习，掌握典型食品添加剂的检测技术。

导论　添加剂检测的意义

　　"食品添加剂"定义提出时间不长，但它的使用历史却很悠久，在我国已有几千年的历史。东汉时期人们就知道在豆浆中添加卤水制作豆腐；魏晋时期人们把发酵技术首次运用到馒头蒸制之中，为了解决面酸问题，采用了碱面。北魏贾思勰《齐民要术》中记载有从植物中提取天然色素的方法，南宋时期人们就会使用亚硝酸盐对肉制品进行防腐和护色，同时用"一矾二碱三盐"作为添加剂制作油条的方法一直沿用至今。

　　"民以食为天"，食品是人类赖以生存和发展的物质基础。随着生活水平的提高和生活节奏的加快，人们对饮食提出了越来越高的要求。近些年来，食品工业一直在持续和快速发展着，食品添加剂在食品工业的发展中起了决定性作用，它能够改善食品的色、香、味、形，调整食品营养结构，提高食品质量和档次，改善食品加工条件，延长食品的保存期。可以说没有食品添加剂，就没有现代食品工业，食品添加剂是现代食品工业的基础和催化剂，被誉为"现代食品工业的灵魂"。如今，食品添加剂应用十分广泛，已渗透到食品加工的各个领域，包括粮油加工、果蔬加工、畜禽加工、水产品加工、调味品、烟酒糖茶等，乃至烹调行业、家庭生活一日三餐，都离不开食品添加剂。

　　💡 **小提示**：请扫描右侧二维码，查看微课：食品添加剂检测的意义。

一、食品添加剂的定义与种类

（一）食品添加剂的定义

　　世界各国对食品添加剂的理解不同，因此其定义也不尽相同。

　　国际食品法典委员会（Codex Alimentarius Commission，CAC）对食品添加剂的定义为：食品添加剂是指本身不作为食品消费，也不是食品特有成分的任何物质，无论其有无营养价值。它们在食品生产、加工、调制、处理、充填、包装、运输和储存等过程中，由于技术（包括感官）的目的，有意加入食品中或预期这些物质或其副产物会成为（直接或间接）食品的一部分，或者改善食品的性质。它不包括污染物或为保持、提高食品营养价值而加入食品中的物质。

　　美国规定，食品添加剂是由于生产、加工、储存或包装而存在于食品中的物质或物质的混合物，而不是基本的食品成分；日本规定，食品添加剂是指在食品制造过程中，即食品加工中，为了保存的目的而加入食品中，使之混合、浸润及为其他目的所使用的物质。

根据《中华人民共和国食品安全法》（以下简称《食品安全法》）第 150 条和《食品安全国家标准 食品添加剂使用标准》（GB 2760—2014）（以下简称《食品添加剂使用标准》）的规定，我国对食品添加剂（Food Additives）的定义为：为改善食品品质和色、香、味，以及为防腐、保鲜和加工工艺需要而加入食品中的人工合成或天然物质，还包括营养强化剂、食品用香料、胶基果糖中的基础剂物质和食品工业用加工助剂。

（二）食品添加剂的种类

食品添加剂是食品生产中最活跃、最有创造力的一个领域，对食品工业的发展起着举足轻重的作用。食品添加剂在食品成分中仅占 0.01% ～ 0.1%，但对食品的品质、营养结构、加工条件、保质期等都能产生极大的影响。科学合理地使用食品添加剂，可以成为推动食品工业快速发展的动力。

随着全球工业食品总量的快速增加和化学合成技术的进步，食品添加剂的品种不断增加，产量持续上升。据报道，目前，全世界应用的食品添加剂品种已多达 25 000 余种（其中 80% 为香料），直接使用的有 3 000 ～ 4 000 种，其中常用的有 600 ～ 1 000 种。由于各国在食品安全控制的要求和技术上存在着一定的差异，所以允许使用的食品添加剂品种和范围也有所不同。如美国食品及药物管理局（Food and Drug Administration，FDA）公布使用的食品添加剂约 4 000 种，包含食品添加剂、色素添加剂、一般认为安全物质（Generally Recognized as Safe，GRAS）、以前受到过处罚的物质相关信息。美国是全球最主要的食品添加剂生产国、使用国，产值与种类都是世界第一。日本使用的食品添加剂主要包括指定添加剂、既存添加剂、天然香料、一般用作食用或饮用的食品及用作食品添加剂的物质四种，共计 1 500 余种。我国允许使用的食品添加剂近 2 500 种。据权威部门统计，目前世界食品添加剂市场总销售额约为 160 亿美元，其中美国、欧洲、日本等发达国家和地区的市场份额占全球总量的四分之三以上，而包括我国在内的发展中国家的市场份额不足四分之一，这充分说明以工业食品为主导的经济技术发达国家使用食品添加剂的总量远远超过经济技术相对落后的国家。

食品添加剂的种类很多，按其来源的不同可分为天然食品添加剂和化学合成食品添加剂两类。天然食品添加剂是指利用动植物或微生物的代谢产物等为原料，经提取所获得的天然物质；化学合成食品添加剂是通过各种化学反应如氧化、还原、缩合、聚合、成盐等得到的物质。

按照功能类别的不同，食品添加剂也可分为很多种类。我国在《食品添加剂使用标准》中，将食品添加剂按功能和用途划分为 23 类，分别为酸度调节剂、抗结剂、消泡剂、抗氧化剂、漂白剂、膨松剂、胶基糖中基础剂物质、着色剂、护色剂、乳化剂、酶制剂、增味剂、面粉处理剂、被膜剂、水分保持剂、营养强化剂、防腐剂、稳定剂和凝固剂、甜味剂、增稠剂、食品用香料、食品工业用加工助剂、其他等。

二、食品添加剂使用存在的问题与限量标准

（一）食品添加剂使用存在的问题

食品添加剂是食品工业重要的基础原料，对食品的生产工艺、产品质量、安全卫生等都起到至关重要的作用。虽然食品添加剂的应用极大地推动了食品工业的发展，但是目前我国也存在一些严重的超范围、超限量使用添加剂等问题，这些问题的存在必然危害消费者的健康、损害我国食品添加剂行业的声誉并影响食品工业的健康发展。食品添加剂相关的食品安全问题归纳起来主要是超范围使用、超限量使用、标志不符合规定、质量不合格和违法使用五种情况。食品添加剂的滥用问题主要体现在超范围和超限量使用上，从国家市场监督管理总局 2022 年发布的《市场监管总局关于 2021 年市场监管部门食品安全监督抽检情况的通告》可以看到，超范围和超限量使用食品添加剂达到了抽检不合格样品总量的 12.24%。

模块一

市场监管总局关于2021年市场监管部门
食品安全监督抽检情况的通告
〔2022年第15号〕

2021年，全国市场监管部门坚持以问题为导向，完成食品安全监督抽检6 954 438批次，依据有关食品安全国家标准等进行检验，发现不合格样品187 368批次，监督抽检不合格率为2.69%，较2020年上升0.38个百分点。其中，第四季度监督抽检不合格率为2.85%。

从抽样食品的品种来看，消费量大的粮食加工品，食用油、油脂及其制品，肉制品，蛋制品，乳制品五大类食品，监督抽检不合格率分别为0.84%、1.35%、1.26%、0.24%、0.13%，均低于总体抽检不合格率。与2020年比，茶叶及相关制品、蜂产品等21大类食品抽检不合格率有所降低，但餐饮食品、食用农产品等10大类食品抽检不合格率有所上升。

从检出的不合格项目类别看，一些不合格项目占抽检不合格样品总量为农药残留超标26.38%，微生物污染22.40%，超范围和超限量使用食品添加剂12.24%，兽药残留超标10.10%，质量指标不达标8.68%，重金属等污染8.36%，有机物污染问题8.30%。

针对监督抽检发现的不合格样品，市场监管部门已及时向社会公布监督抽检结果，并督促有关生产经营企业下架、召回抽检不合格批次产品，严格控制食品安全风险，按有关规定进行核查处置并公布信息。

1. 食品添加剂超范围使用

《食品添加剂使用标准》规定了食品添加剂的允许使用品种、使用范围和最大使用量或残留量。按照《食品添加剂新品种管理办法》的规定，扩大使用范围或用量需要向卫生部（现国家卫生健康委员会）申报批准，但某些食品生产企业不按照规定执行，而是随意扩大。未经批准而扩大使用范围，可能忽视某些卫生安全问题，对消费者的健康构成潜在的威胁。超范围使用的品种主要是合成色素、防腐剂和甜味剂等品种。

2. 食品添加剂超限量使用

目前，在我国超限量使用食品添加剂的现象十分普遍，从历年公布的国家和地方监督抽查中暴露的问题相当严重。其中最突出的是面粉处理剂、防腐剂和甜味剂。酱腌菜生产历史悠久，品种繁多，近年来产品逐渐趋向低盐化。酱腌菜是常温保存的产品，盐分含量的降低可使产品保存周期缩短。为此，部分生产条件较差的企业，通过加大防腐剂的使用量来抑制产品中的微生物，如使用不当即可造成产品中苯甲酸钠等防腐剂的超标。如2022年"3·15"晚会曝光的某食品有限公司生产的酸菜超量使用防腐剂。

3. 食品添加剂标志不规范

部分企业在使用食品添加剂，特别是防腐剂、合成色素、甜味剂等品种后，故意在食品标签上不标注，隐瞒使用食品添加剂，违反了《食品安全国家标准 预包装食品标签通则》(GB 7718—2011)等相关规定。这种行为等于剥夺了消费者的知情权和选择权，侵害了消费者权益。每次质量抽查几乎都存在这种问题，特别是在蜜饯、酱腌菜、果冻、饮料、乳制品等食品中。也有一些企业为迎合消费者的心理，故弄玄虚，在广告或标签的醒目处印上"本产品绝对不含任何食品添加剂"之类的文字，以标榜自己的产品安全无害。这无疑给消费者发出了"食品添加剂不安全"的错误信号。

4. 食品添加剂质量不合格

食品添加剂质量不合格是指使用过期或劣质的食品添加剂。劣质食品添加剂的纯度不高，在加工过程中没有严格按照《食品安全法》的规定生产，以至成品中含有少量的铅、汞、砷等有毒重金属物质。过期的食品添加剂可能会产生一些化学反应，从而影响食品质量及产生对健康有毒有害的物质。

5. 非食品添加剂用于食品加工中

违法使用是指使用未经国家批准或被国家禁用的添加剂品种及以非食用化学物质代替食品添加剂。近年来，我国发生了一系列在食品生产中非法添加和使用吊白块、甲醛、苏丹红、三聚氰胺和瘦肉精等重大食品安全事件，导致食品安全问题成为广大民众关注的焦点，也使消费者对食品添加剂产生了强烈的质疑。事实上，这些都是非法添加物，并非食品添加剂，我国迄今为止没有一起食品安全事件是因为合法合规使用食品添加剂而导致的。将食品添加剂的安全性问题与非法添加物造成的食品安全问题混为一谈，不仅使消费者对食品添加剂产生了很大的误解，也对食品工业的健康发展造成不良影响。

> 🔆 **小提示**
>
> 非法添加物 ≠ 食品添加剂
>
> "苏丹红""瘦肉精""三聚氰胺"等民众闻之色变的"坏分子"都不是食品添加剂，它们就是"非法添加物"，是在食品产业链中一点都不能使用的物质。而食品添加剂是在食品生产中允许使用的物质。"没有食品添加剂就没有现代食品工业"是我们每个学习食品相关技术的人应该认识到的事实。

（二）食品添加剂的限量标准

在我国，食品添加剂的使用要严格遵守国家的法律法规和相关标准。我国已经形成了有关食品添加剂的法律和法规体系及标准管理体系，主要有《中华人民共和国刑法》《食品安全法》《食品安全风险监测管理规定》《食品安全风险评估管理规定》《食品安全性毒理学评价程序》《食品添加剂新品种管理办法》《食品添加剂新品种申报与受理规定》《食品生产许可审查通则》《食品添加剂使用标准》《食品安全国家标准 食品营养强化剂使用标准》（GB 14880—2012）、《食品安全国家标准 复配食品添加剂通则》（GB 26687—2011）、《食品安全国家标准 食品生产通用卫生规范》（GB 14881—2013）、《食品安全国家标准 食品添加剂生产通用卫生规范》（GB 31647—2018）、《食品安全国家标准 食品安全性毒理学评价程序》（GB 15193.1—2014）等，还有关于各类食品添加剂产品质量和规格的国家标准、行业标准等。这些法律法规和标准对我国食品添加剂的安全使用起到了积极的促进作用。对于食品生产企业和检测机构来说，食品添加剂的限量标准主要符合《食品添加剂使用标准》的规定。

1. 《食品添加剂使用标准》基本框架

《食品添加剂使用标准》基本框架见表1-0-1。

表1-0-1 《食品添加剂使用标准》内容

《食品安全国家标准 食品添加剂使用标准》（GB 2760—2014）	前言	
	食品添加剂使用标准	
	附录A 食品添加剂的使用规定	附录A.1 食品添加剂的允许使用品种、使用范围以及最大使用量或残留量
		附录A.2 可在各类食品中按生产需要适量使用的食品添加剂名单
		附录A.3 按生产需要适量使用的食品添加剂所例外的食品类别名单
	附录B 食品用香料使用规定	表B.1 不得添加食用香料、香精的食品名单
		表B.2 允许使用的食品用天然香料名单
		表B.3 允许使用的食品用合成香料名单

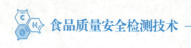

续表

《食品安全国家标准 食品添加剂使用标准》(GB 2760—2014)	附录C　食品工业用加工助剂使用规定	表C.1　可在各类食品加工过程中使用，残留量不需限定的加工助剂名单（不含酶制剂）
		表C.2　需要规定功能和使用范围的加工助剂名单（不含酶制剂）
		表C.3　食品用酶制剂及其来源名单
	附录D　食品添加剂功能类别	
	附录E　食品分类系统	
	附录F　附录A中食品添加剂使用规定索引	

2. 食品添加剂的使用原则

（1）食品添加剂使用时应符合以下基本要求：

1）不应对人体产生任何健康危害；

2）不应掩盖食品腐败变质；

3）不应掩盖食品本身或加工过程中的质量缺陷或以掺杂、掺假、伪造为目的而使用食品添加剂；

4）不应降低食品本身的营养价值；

5）在达到预期效果的前提下尽可能降低在食品中的使用量。

（2）在下列情况下可使用食品添加剂：

1）保持或提高食品本身的营养价值；

2）作为某些特殊膳食用食品的必要配料或成分；

3）提高食品的质量和稳定性，改进其感官特性；

4）便于食品的生产、加工、包装、运输或储藏。

（3）食品添加剂质量标准按照《食品添加剂使用标准》使用的食品添加剂应当符合相应的质量规格要求。

（4）带入原则。在下列情况下食品添加剂可以通过食品配料（含食品添加剂）带入食品中：

1）根据《食品添加剂使用标准》的规定，食品配料中允许使用该食品添加剂；

2）食品配料中该添加剂的用量不应超过允许的最大使用量；

3）应在正常生产工艺条件下使用这些配料，并且食品中该添加剂的含量不应超过由配料带入的水平；

4）由配料带入食品中的该添加剂的含量应明显低于直接将其添加到该食品中通常所需要的水平。

当某食品配料作为特定终产品的原料时，批准用于上述特定终产品的添加剂允许添加到这些食品配料中，同时，该添加剂在终产品中的量应符合《食品添加剂使用标准》的要求。在所述特定食品配料的标签上应明确标示该食品配料用于上述特定食品的生产。

3. 食品添加剂编码

国际编号系统（International Number System，INS）：食品添加剂的国际编码，用于代替复杂的化学结构名称表述。如苯甲酸及其钠盐，INS号210、211。

中国编码系统（Chinese Number System，CNS）：食品添加剂的中国编码，由食品添加剂的主要功能类别（见《食品添加剂使用标准》附录D）代码和在本功能类别中的顺序号组成。中国编码通常以五位数字表示，其中前两位数字码为类别标示，小数点后三位数字表示在该功能类别中的编号代码。如苯甲酸及其钠盐，CNS号17.001、17.002，17代表防腐剂，001、002代表防腐剂中编号代码。

4. 食品分类系统

食品分类系统的作用是更好地说明添加剂的使用范围，对食品类别采用标准化表示方法，用于界定食品添加剂的使用范围，是食品添加剂在使用中的定位方法。食品分类系统适用于所有食品，包括那些不允许使用添加剂的食品。

💡 小提示

我国的食品分类系统是不统一的，不同的标准、体系有不同的分类系统，《食品添加剂使用标准》中的分类系统只适用于添加剂限量使用和判定过程的食品分类。如馒头在《食品添加剂使用标准》中属于粮食和粮食制品（食品分类号为06.0）中的发酵面制品（食品分类号为06.03.02.03），而在食品生产许可分类系统中属于糕点中的热加工糕点（其他类）。在对食品添加剂的检测结果进行判定时一定要根据《食品添加剂使用标准》中的分类系统对产品进行分类并判定。

三、食品添加剂检测的意义

（1）规范食品添加剂的使用，保障食品的卫生质量。绝大多数食品添加剂是化学合成的，过量摄入就可能产生一定的毒性，或在食品中转换成其他有毒物质，有的存在致癌、致畸和致突变等各种潜在的危害。虽然食品添加剂在用于食品之前都进行过多次安全性测试，但是违禁、滥用食品添加剂及超范围、超限量使用添加剂，都会给食品质量、安全卫生及消费者的健康带来巨大的损害。为了尽可能地将食品添加剂潜在的危害降到最低限度，保证食品质量，保障消费者健康与安全，除食品加工企业必须严格遵照执行食品添加剂的使用标准，加强食品添加剂的管理，规范、合理、安全地使用添加剂外，有关监督部门对食品中食品添加剂进行定量分析与检测也是非常必要的，这将对规范食品添加剂的使用起到监督、保障和促进作用。

（2）促进食品添加剂新产品、新技术的研发。食品添加剂的消费水平与食品加工业和生活水平紧密相关，全球食品添加剂产业每年以4%～6%的速度高速增长。美国是世界上食品添加剂使用量最大、使用品种最多的国家，西欧是全球第二大食品添加剂的消费地区，我国食品添加剂行业也在蓬勃发展。目前，世界各国都致力于开发新的食品添加剂及其新技术，未来食品添加剂的研发趋势是天然型、高效安全型、复合型等。新产品的研发必然离不开食品添加剂检测技术的发展，只有不断加大科研投入，提高产品质量水平，才能保证我国食品添加剂行业健康持续发展。

（3）普及食品添加剂知识，使消费者重拾信心。食品添加剂是现代食品工业中不可或缺的一部分，有力地推动了整个食品工业的发展进程。我国食品添加剂的生产随食品加工业的发展而不断壮大，但从国外食品工业发展的历程看，食品添加剂产业在我国还处于初期发展阶段，今后若干年将进入高速发展阶段。提高食品添加剂的检测能力，加强食品安全监管，加大对食品添加剂知识的普及和宣传，使消费者正确认识食品添加剂，增加消费者对我国食品添加剂安全的信心。

 拓展知识

《食品添加剂使用标准》

《食品添加剂使用标准》是我国食品添加剂使用的依据，该标准规定了我国批准使用的食品添加剂的种类、名称，每个食品添加剂的适用范围和使用量等内容。同时，还明确规定了食品添加剂的使用原则，包括基本要求、使用条件、带入原则等内容。食品生产者应严格按照本标准规定的食品添加剂品种、使用范围及使用量使用食品添加剂。对科学研究结果或有证据表明食品添加剂安全性可能存在问题的，或者不再具备技术上必要性的，国家卫生计生委（现国家卫生健康委员会）应当及时组织对食品添加剂进行重新评估，对重新审查认为不符合食品安全要求的，可以公告撤销已批准的食品添加剂品种或修订其使用范围和用量。

《食品添加剂使用标准》中规定了几百种食品添加剂的适用范围及使用限量，查询某个添加剂在某种食品中的使用限量要从《食品添加剂使用标准》中最重要的三张表中搜索。图 1-0-1 和图 1-0-2 分别列出了表 A.1、A.2、A.3 的基本内容及相互关系。

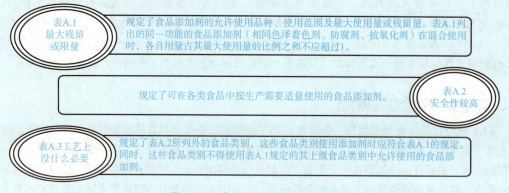

图 1-0-1　食品添加剂的使用规定

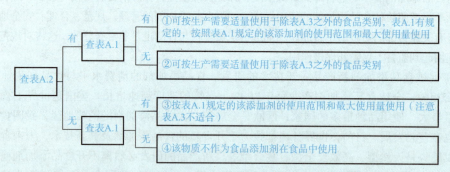

图 1-0-2　检索某种食品添加剂的使用规定流程图

当然，具体到某一食品，还需要考虑食品的分类，是否为特定终产品原料，带入原则，同一功能的不同防腐剂、着色剂合用原则等，还要考虑国家卫生健康委员会的相关公告……我国对食品添加剂标准管理已延续多年，相关的标准也经历了多次修订和更新。按照《食品安全法》等相关法律法规的要求，伴随着《食品添加剂使用标准》强制性国家标准的贯彻实施，我国食品添加剂使用的规范化水平不断提高，在规范食品市场、保护消费者健康等方面发挥了重要的作用。

科技是把双刃剑。食品添加剂在食品工业发展中功不可没，但少数不法分子为了追求利益肆意乱添乱放，甚至使用非法添加物，必定会造成一系列食品安全问题。作为食品专业人士，需要客观辩证地看待食品添加剂，正确认识食品添加剂在食品工业中的重要作用，并正确使用食品添加剂。

四、食品添加剂检测现状与进展

食品样本是一个非常复杂的体系，形态各异，组成复杂，且各种组分的含量与性质各不相同，差异很大，某些目标组分存在的浓度可能极低，所以通常情况下，食品样本经预处理后方可进行各种性质分析。随着食品添加剂种类的增多及作用范围的扩大，食品加工行业里越来越多地使用复配食品添加剂，单一的只针对某一种添加剂的检测方法，已满足不了现代食品检测行业的需求。因此，同时测定食品中多种添加剂的技术已逐渐成为食品添加剂检测领域新的研究热点。

（一）食品添加剂检测的特殊性

由于食品具有种类繁多、成分复杂、加工工艺各异等特点，在研究食品添加剂的检测方法与分析食品添加剂的含量时，必须注意以下一些独特的特点。

1. 基质成分复杂

食品添加剂的基质——食品，含有丰富的营养成分，一般每种食品中都含有多种蛋白质、碳水化合物、脂肪、无机盐和维生素等，只是比例不同而已。由于食品本身物理和化学性质的不同，同一种食品添加剂在不同食品中的检测方法有很大差异。

2. 在食品中的含量少

食品添加剂在食品中的使用量不像食品原料和辅料那么多，也不能随意添加和扩大其使用量，《食品添加剂使用标准》严格规定了其最大使用量（或残留量）。例如，苯甲酸在胶基糖果中的最大使用量为 1.5 g/kg，在碳酸饮料中的最大使用量为 0.2 g/kg；姜黄素在果冻中的最大使用量为 0.01 g/kg。可以看出添加剂在食品中的使用量是非常少的，所以，食品添加剂的检测方法应具有较高灵敏度。

3. 添加剂的品种多

食品添加剂是为改善食品品质，以及防腐和满足加工工艺的需要而加入食品中的化学合成或天然物质。从添加剂的作用可以看出，一种食品中常常同时存在多种食品添加剂。例如，肉制品中常常同时使用发色剂（护色剂）、水分保持剂、增稠剂、防腐剂、着色剂五类食品添加剂；《食品添加剂使用标准》规定，在碳酸饮料中允许使用包括防腐剂、着色剂、酸度调节剂、抗氧化剂等在内的 100 多种食品添加剂。如果需要同时检测这么多食品添加剂，其困难程度是可以想象的。

4. 组成及化学结构复杂

食品添加剂不等于化学试剂，高纯度的化学试剂主要服务于化学试验，由于试验本身对于精度的要求等因素，其产品质量标准主要是注重试剂的纯度。食品添加剂的特殊性在于它需要与食品一起进入人体，与人体健康、安全等息息相关，因此它的重点不仅是产品的纯度，更需要保证产品食用安全性及对人体的无危害性。食品添加剂是加入食品中的化学合成或天然物质，大多结构复杂，尤其是天然物质，组成和结构更复杂。例如，天然着色剂葡萄皮红的主要成分包括锦葵素、芍药素、翠雀素、花青素配糖体等。食品添加剂组成结构的复杂性给食品添加剂检测工作带来相当大的难度。

5. 检测的准确性要求高

食品添加剂对食品的品质有很大的改善作用，但是过量食用食品添加剂会产生一定的危害。食品添加剂只有在必要时才需要添加，使用时应严格控制其使用范围或使用量。在食品添加剂使用中，目前存在的主要安全问题是超范围使用、超限量使用、标志不规范、质量不合格及非法添加。为保证食品安全，保护消费者健康，对食品添加剂的安全监控水平必须提高，这就需要建立各种定性定量分析方法，准确分析食品中添加剂的实际使用量。

6. 分析费用高

由于食品添加剂的特殊性，其分析方法较一般食品成分的分析方法繁杂，从而要求检测仪器有更高的灵敏度。同时，为了得到准确的结果，样品还要经过复杂的前处理。通常，食品添加剂的分析包括样品预处理、样品制备和萃取等复杂的前处理过程，并采用气相色谱（Gas Chromatography，GC）、高效液相色谱（High Performance Liquid Chromatography，HPLC）、气相色谱－质谱联用（Gas Chromatography-Mass Spectrometry，GC-MS）、液相色谱－质谱联用（Liquid Chromatography Mass-

Spectrometry，LC-MS）、离子色谱、毛细管电泳（Capillary Electrophoresis，CE）和极谱分析等现代分析技术。这些分析技术要求仪器设备有很高的灵敏度、精确度和稳定性，复杂的样品前处理和昂贵的仪器设备使食品添加剂的分析费用偏高。

（二）食品添加剂分析检测常用方法

食品添加剂的分析与检测，与食品中其他很多物质如抗生素残留和农药残留的分析方法一样，首先应针对分析物质的结构和理化性质，选择适当方法将它们从食品这种复杂的混合体系中分离提取出来，以利于进一步的分析和检测。检测食品添加剂含量的分析方法主要包括滴定法（容量法）、比色法和仪器分析方法。其中，滴定法和比色法尽管常常用到，但是，随着灵敏度高、重复性好的各种现代仪器分析方法和快速、特异、经济的各种快速检测方法的出现，它们正逐渐被其他方法所取代。目前，仪器分析方法正成为食品添加剂检测的主要方法。所谓仪器分析方法，是指借助精密仪器，通过测量物质的某些理化性质以确定其化学组成、含量及化学结构的一类分析方法。随着计算机技术的引入与仪器联用技术的发展，仪器分析方法正迅速发展成为更加快速、灵敏和准确，以及自动化程度更高的现代仪器分析方法。

当前，现代仪器分析方法在食品分析中所占的比重越来越大，并成为现代食品分析的重要支柱之一，尤其是在食品的微量或痕量成分的分析方面，现代仪器分析方法表现出很大的优势。食品添加剂在食品中的含量很低，并且与复杂的食品成分混合在一起，所以，现代仪器分析方法在鉴定和分析食品中食品添加剂的种类和含量等方面正发挥着越来越重要的作用。下面对食品添加剂几类常用的检测方法进行简要介绍。

1. 电化学分析法

电化学分析法（Electrochemical Analysis）是建立在溶液电化学基础上的一类分析方法，它利用物质在化学能与电能转化的过程中，化学组分与电物理量（如电压、电流、电量或电导）间的定量关系来确定物质的组分和含量。电化学分析法具有高选择性和灵敏度、仪器简单、操作方便、分析速度快等特点，在复杂体系中检测微量化合物和生物活性成分方面应用广泛。由于电极的品种主要局限于一些低价离子（主要是阳离子），因此在实际应用中还受到一定的限制；另外，电极电位值的重现性受试验条件的影响较大，其标准曲线不如分光光度法稳定。

电化学分析法尽管存在一些不足，但是在食品添加剂的检测中仍得到了较好的应用。例如，以伏安法测定食品中的没食子酸丙酯，检出限为 0.54 mg/L；以极谱法测定食品中的叔丁基羟基茴香醚，检出限为 0.19 mg/L，在 0.5 ~ 15.0 mg/mL 范围内线性关系良好；以差示脉冲伏安法可以测定食品中亚硝酸盐的含量。

2. 分光光度法

分光光度法（Spectrophotometry）是基于物质对光的选择性吸收而建立的分析方法。此方法具有简单易行、无须昂贵的仪器设备等特点，是目前食品添加剂分析检测中应用较多的方法之一。例如，油脂中没食子酸丙酯的测定［《食品安全国家标准　食品中 9 种抗氧化剂的测定》（GB 5009.32—2016）第五法］；肉制品中护色剂亚硝酸盐的测定［《食品安全国家标准　食品中亚硝酸盐与硝酸盐的测定》（GB 5009.33—2016）第二法］等国家标准中都采用分光光度法。

3. 色谱分析法

色谱分析法（Chromatography）是利用不同的分析组分在固定相和流动相间分配系数的差异而实现分离、分析的方法，属于物理或物理化学的分离、分析方法。色谱法的种类很多。在食品添加剂的检测中，目前主要应用气相色谱法（Gas Chromatography，GC）及其联用技术、高效液相色谱法（High Performance Liquid Chromatography，HPLC）及其联用技术和毛细管电泳法（Capillary Electrophoresis，CE）进行定性定量检测和同时检测多种食品添加剂。

（1）气相色谱法及其联用技术在食品添加剂分析中的应用。气相色谱法是一种以气体为流动相的柱色谱分离技术。凡在气相色谱仪操作许可的温度下，能直接或间接气化的食品添加剂均可采用 GC 进行分析。气相色谱法具有操作简便、可行性高、重复性好等优点，但只能根据对照品及其样品的保留时间进行定性，如果受到样品中其他可挥发性杂质的干扰，很容易产生误差和错误判断，所以科研工作者又开发出气相色谱与其他色谱的联用技术。

气相色谱 – 质谱联用实际上是将质谱作为气相色谱的检测器的分析方法，利用不同物质固有特性的分子质量和分子结构不同而具有不同的质谱这一性质进行定性分析，根据质谱峰强度与产生谱峰化合物含量的相关关系进行定量分析。目前，随着气相色谱联用技术的发展，气相色谱 – 质谱联用和气相色谱 – 串联质谱联用技术在食品添加剂的检测中得到了广泛的应用。

（2）高效液相色谱法及其联用技术在食品添加剂分析中的应用。HPLC 是目前应用较为广泛的一种分析技术，是食品分析的重要手段，特别是在食品组分（如维生素等）及部分外来物分析中，有着其他方法不可替代的优势。HPLC 具有分离度高、速度快和使用便捷等特点。与气相色谱法只适合分析易挥发且性质稳定的化合物相比，HPLC 则适合分析那些挥发性低、不耐热及一些具有生物活性的物质。目前，HPLC 在食品添加剂分析中的应用主要集中在食品中防腐剂、甜味剂、着色剂、抗氧化剂等的检测，以及多种添加剂同时检测。例如，采用 HPLC 可同时检测出食品中的苯甲酸、山梨酸和糖精钠，以甲醇 – 乙酸铵溶液或甲醇 + 甲酸 – 乙酸铵溶液为流动相，检测波长为 230 nm，20 min 内就可以完成这三种物质的分析。又如，采用带有二极管阵列检测器的 HPLC 测定人工合成色素柠檬黄、苋菜红、胭脂红及日落黄，根据各组分的出峰顺序，在不同时间段可分别使用各组分的最佳检测波长进行检测；此法不仅灵敏度高，还能克服梯度洗脱时的基线漂移，减少共存物的干扰。再如，利用高效液相色谱荧光检测法（HPLC-FLD），可同时测定食用油中没食子酸丙酯、正二氢愈创酸、叔丁基羟基茴香醚、叔丁基对苯二酚、没食子酸辛酯五种抗氧化剂，标准样品的平均加标回收率可达到 72.1% ～ 99.6%，正二氢愈创酸、叔丁基羟基茴香醚、叔丁基对苯二酚的检测限为 1 μg/g，没食子酸丙酯和没食子酸辛酯的检测限为 10 μg/g。

HPLC 之所以能够得到广泛应用，主要归功于其色谱检测器的多样性。目前，常用的高效液相色谱检测器主要有紫外 – 可见光检测器、荧光检测器、蒸发光散射检测器等，它们的原理大致相似，均为利用溶质与流动相之间的物理或化学差异性。当溶质从色谱柱流出时，便在色谱图上出现相应的色谱峰，以供分析。

超高效液相色谱（Ultra Performance Liquid Chromatography，UPLC）是分离科学中的一个全新类别，UPLC 借助 HPLC 的理论与原理，使用更小的颗粒填料、更低的系统体积及更快的检测手段，使目标物得到更好的分离，从而扩大了分析的范围，提高了分析灵敏度。

液相色谱 – 质谱联用（Liquid Chromatography-Mass Spectrometry，LC-MS）是利用质谱作为液相色谱的检测器，把液相色谱的分离优势与质谱对物质分析能力的优势有机地结合起来，对被分析物进行定量分析的一种检测方法。它集液相色谱选择性好、灵敏度高，质谱能深入分析物质分子量及结构信息等优点于一体，在食品分析、药品检验及环境保护等分析领域得到了广泛的应用，是目前食品行业生产流程中质控与监测较为有效的分析手段之一。LC-MS 的使用范围比 GC-MS 更加广泛。

（3）CE 在食品添加剂分析中应用。CE 是 20 世纪末发展起来的新型分离分析方法，它以高压电场为驱动力，以毛细管为分离通道，依据样品中各组分之间分配系数的不同进行分离。

CE 被用于检测糖果、冰激凌、苏打饮料、果冻和牛奶饮料中的色素，可分析汽水、番茄沙司、蜜饯中的山梨酸、苯甲酸和糖精含量，还可用于测定防腐剂脱氢乙酸的含量。

因为食品添加剂的品种繁多，食品的成分和性质存在差异，所以同一种食品添加剂在不同的食品中，有时采用不同的分析方法。随着食品检测技术的发展，食品添加剂残留的检验方法越来越多，同一种食品添加剂在同一种食品中有时也可采用多种分析方法。因此，对于食品中食品添加剂的检测，应该根据实验室条件和对试验结果的要求，选择适合的分析检测方法。

 拓展知识

中国的食品添加剂历史

澎湃新闻   2019-11-11

……………

中国在大汶口时期，已经用转化酶来酿酒了。到了秦汉时期，人们发现了盐卤，并开始用其制造豆腐。之后，中国人又发现了肉桂香、明矾、亚硝酸盐等诸多食品添加剂。

……………

盐的提取在人类历史上堪称一次饮食革命，让人们可以随时随地地享受到这种必需品。成功提取盐以后，人们的食谱不必再局限于含盐的食物，即便是食物不含盐，只要往里面放几粒盐，就可以端上来食用了。正因为盐的这种特殊性，盐的生产便从古至今都是由政府管控。到中国的封建王朝时期，盐也与其他东西一样，被分成了三六九等。好的由皇帝和贵族们占有，次的就给平民们了。其中，盐中的虎形盐便是被抬高为祭天和特殊祭典使用的。1046年，北宋朝廷更是在科举考试中出了有关于虎形盐的问题。

亚硝酸盐在中国大概出现于北宋时期，最初主要用于腌制腊肉、制作火腿等，其特点就是可以将肉类食品长时间地保存。而且，添加亚硝酸盐的肉制品不仅颜色粉嫩诱人，而且安全性提高了。这是因为肉制品中容易滋长一种叫"肉毒梭菌"的毒菌，即使在现今，肉毒梭菌毒素中毒患者一旦送医不及时也可能不幸死亡。在古代的医学条件下，一旦中毒，后果可想而知。而添加了亚硝酸盐的肉制品，就会非常好地抑制这种菌。再加上祖先常说的"冬腊风腌，蓄以御冬"习惯，因此我们今天能吃到好吃的金华火腿、腊肠等，都是拜其所赐。后来，亚硝酸盐的制作技术于13世纪传到了欧洲，还促使了濒危行业香肠业重新焕发生机。

……………

中国腌制咸菜的历史至少可以追溯到商周时期，在许多先秦古籍中，我们都能看到食用菹菜的记录，其实它就是最早的咸菜。即为了利于长时间存放而经过发酵的蔬菜。后来，人们又发明了一个"齑"字，就是专门指那些切碎了腌的咸菜，以区分另一种腌制蔬菜——泡菜。特别是在封建时代，人民大众吃的食物本来就很少，咸菜不仅物美价廉，而且保存时间还特长，就正好成了人民大众最喜欢的食物。结果，到明清时期，咸菜的制作便开始朝着系统化、规范化演变，以至于出了天源酱菜、六必居酱菜、槐茂酱菜、玉堂酱菜等品牌型的店铺，售卖他们咸菜的店家更是遍布全国各地。

……………

早在中国的南北朝时期，中国人就开始使用明矾。明矾的主要作用并不是治病，而是用来制备铝盐、发酵粉、油漆、鞣料、澄清剂、媒染剂、造纸、防水剂等，还可用于食品添加剂。在生活中常用于净水和做食用膨胀剂，像炸麻圆、油条里都可能含有。……最早的油条在南北朝时期，就已经在中国出现了。

项目一 腊肉中护色剂检测

➢ **知识目标**

1. 了解护色剂定义、种类、理化特性及目前护色剂检测技术。
2. 掌握硼砂等在样品处理过程中的作用与原理。
3. 掌握分光光度法测定亚硝酸盐的原理。
4. 掌握标准曲线法原理，理解影响标准曲线的因素。

➢ **技能目标**

1. 能查找标准，制订检测方案，编写工作手册。
2. 能规范地进行样品预处理操作。
3. 能规范使用分光光度计进行护色剂检测。
4. 能正确分析数据，出具检测报告。

➢ **素质目标**

1. 树立劳动光荣、劳动伟大、崇尚劳模的观念。
2. 在检测工作中养成质量、安全、环保、成本意识。
3. 养成精益求精、严谨公正的工匠精神。
4. 养成辩证看待食品添加剂使用等问题，问学思辨勇于探索的科学思维。
5. 树立关注食品安全，守护人民健康的家国情怀。

任务一 制订检测方案

 任务描述

本项目是一个典型的委托检测业务，不涉及采样，是来样检测。制订检测方案是开展检测工作的第一步，也是后续工作能够顺利开展的基础，能够显著地提高工作效率。根据检测样品——腊肉和检测目标物——护色剂的特点，实验室的检测设备条件，以及客户的检测要求，确定合适的标准，然后根据标准编写检测工作手册。在工作手册中详细列出本项目要使用的仪器、耗材，以及需要记录的原始数据。

模块一

任务引导

- ✓ **一是知识学习**。通过"必备知识"模块了解护色剂的检测特点，目前常用的护色剂的检测方法，现行有效的可用于护色剂检测的标准特点。
- ✓ **二是确定标准**。根据上述知识，结合设备情况确定检测标准。
- ✓ **三是编写手册**。根据检测标准，编写检测工作手册。
- ✓ **四是梳理思路**。梳理出整个检测流程，特别要关注的是检测目标物——护色剂在检测过程中的迁移情况，为实施检测做好准备。

必备知识

一、食品护色剂的检测特点

💡 **小提示**：请扫描右侧二维码，查看微课：护色剂的检测特点。

在食品加工过程中，为了改善和保护食品的色泽，除使用色素对食品进行着色外，有时为了改善食品的感官性状及提高其商品性能，还需要使用护色剂。

（一）食品护色剂简介

在动物食品的加工过程中添加适量的化学物质与食品中的某些成分发生作用，而使肉制品呈现良好的色泽，这种物质称为护色剂。

护色剂一般泛指硝酸盐和亚硝酸盐类物质，其本身并无着色能力，当其应用于动物类食品后，其在腌制过程中产生的一氧化氮能使肌红蛋白或血红蛋白形成亚硝基肌红蛋白或亚硝基血红蛋白，从而使肉制品保持稳定的鲜红色。其作用原理如图 1-1-1 所示。同时，护色剂在食品中使用具有防腐功能，尤其在抑制肉毒梭状芽孢杆菌的繁殖，防止肉毒中毒方面具有独特的效果，所以，护色剂主要用于肉及肉制品的加工。

$$NaNO_2 \xrightarrow{乳酸} HNO_2 \xrightarrow{分解} NO \xrightarrow{+Mb} MbNO \xrightarrow{加热} 亚硝基血色原（鲜红色）$$

图 1-1-1 食品护色剂的护色原理

（二）常用的食品护色剂

食品护色剂的应用在我国已有悠久的历史，古代劳动人民在腌制肉类食品时就使用了硝石（硝酸钾）。这一处理应用，对肉制品的生产发展起了一定作用。常用的食品护色剂主要有亚硝酸钠、硝酸钠、硝酸钾。

1. 亚硝酸钠

亚硝酸钠的分子式为 $NaNO_2$，相对分子质量为 69.00，它是食品加工中最常用的护色剂。

性状与性能：亚硝酸钠为无色或微带黄色结晶，有咸味，易潮解，水溶液呈碱性。

亚硝酸盐类物质在肉制品中除具有护色作用外，对抑制微生物的增殖有着特殊的作用。亚硝酸盐另一个应用是能够增强腊肉制品的风味，研究结果和感官评定表明亚硝酸盐主要通过抗氧化作用对腊肉风味产生影响。

毒性： 亚硝酸钠在众多食品添加剂中是急性且毒性较强的物质之一，摄食后可使正常的血红蛋白变成高铁血红蛋白，使血红蛋白失去携氧的功能，导致组织缺氧，症状为头晕、呕吐、心悸、皮肤发紫等，严重者呼吸衰竭死亡。同时，因为本品的外观、口味均与食盐相似，所以必须防止误用而引起的中毒。

使用： 按《食品添加剂使用标准》规定，亚硝酸钠的使用范围为肉类制品、肉类罐头，其最大使用量为 0.15 g/kg，残留量以亚硝酸钠计，肉制品不得超过 0.03 g/kg。

2. 硝酸钠

硝酸钠的分子式为 $NaNO_3$，相对分子质量为 85.00。硝酸钠在肉制品中受细菌作用，发生还原转变成亚硝酸钠，在酸性条件下与肉中的肌红蛋白作用而护色。

毒性： 硝酸钠的毒性作用主要是它在食物中、水中或在胃肠道内，尤其是在婴幼儿的胃肠道内被还原成亚硝酸盐所致。

使用： 其使用情况参照亚硝酸钠。按《食品添加剂使用标准》规定，亚硝酸钠的使用范围为肉类制品、肉类罐头，其最大使用量为 0.5 g/kg，残留量以亚硝酸钠计，肉制品不得超过 0.03 g/kg。

3. 硝酸钾

硝酸钾又名硝石，分子式为 KNO_3，相对分子质量为 101.10，硝酸钾可替代硝酸钠，作为混合盐的成分之一，用于肉类的腌制。

毒性及使用： 在硝酸盐中，硝酸钾的毒性较强。此外，其所含的钾离子对人体心脏有影响。其使用情况参照硝酸钠。

（三）护色剂的检测技术

随着分析化学新方法和新技术的不断出现和发展，食品中亚硝酸盐的检测方法也更加多元化，目前主要有以下几种。光度法：主要有可见分光光度法、紫外分光光度法、红外分光光度法三种；示波极谱法；荧光分析法；离子色谱法；催化动力学法、气相色谱法及各种联用技术等。我国的国标方法为格里斯试剂比色法和示波极谱法。这两种方法是我国肉类食品与果蔬制品中亚硝酸盐残留检测的主要方法。

1. 分光光度法

分光光度法测定亚硝酸盐占据了重要的地位。目前，光度法测定亚硝酸盐的方法主要有可见分光光度法、紫外分光光度法、催化（褪色）分光光度法三种。

（1）可见分光光度法。测定亚硝酸盐的标准方法为盐酸萘乙二胺法，又称为格利斯试剂比色法。其原理是：在弱酸条件下，沉淀试样中的蛋白质去除脂肪后，亚硝酸盐与对氨基苯磺酸重氮化，再与盐酸萘乙二胺偶合反应，以分光光度法测定其亚硝酸盐含量。结果表明：该法选择的最大吸收波长为 550 nm，试验的相关系数为 0.999 5，线性良好。采用本法回收率高，重现性好，而且操作简便，适用于批量测定。

（2）紫外分光光度法。采用紫外分光光度法测定肉制品中亚硝酸盐含量，其原理是在酸性条件下，亚硝酸盐与间苯二酚及锆氧离子反应生成有色螯合物，建立了一种简易快速的测定食品中微量亚硝酸盐的方法。通过对猪肉、午餐肉、火腿肠、香肠等几种样品中的亚硝酸盐进行测定，回收率达到 90% 以上。该分析方法操作简便、快速、干扰少，有良好的选择性，显色反应产物的稳定性高，是一种较为理想的测定肉制品中亚硝酸盐的方法。

（3）催化（褪色）分光光度法。催化（褪色）分光光度法的原理是基于亚硝酸根在稀磷酸溶液中催化 Evan's Blue（依文思蓝）- 氯酸钾氧化还原反应，利用硫酸介质中亚硝酸根催化氧化氯酸钾氧化吡啶橙的褪色反应，建立了微量亚硝酸根的催化光度法，用于肉制品中亚硝酸盐的测定，与国家标准方法相符。该方法适用范围广、无毒、灵敏度高、选择性好，而且设备简单，操作方便，改变了现行国家标准中使用 α - 萘胺致癌物做显色剂的不利现状。一般来说，影响催化（褪色）光度法的主要因素有酸度、反应温度、反应时间、溴酸钾和吡啶用量及其他共存离子。催化分光光度法也同样适用于测定水中痕量亚硝酸盐含量。

2. 示波极谱法

示波极谱法是指在特殊条件下进行电解分析以测定电解过程中所得到的电流 - 电压曲线来做定量定性分析的电化学方法。示波极谱法是新的极谱技术之一，该方法的优点是灵敏度高、适用范围广、检出限低和测量误差小等。示波极谱法的原理是将样品经沉淀蛋白质、去除脂肪后，在弱酸条件下亚硝酸盐与对氨基苯磺酸重氮化后，在弱碱性条件下再与 8 - 羟基喹啉偶合成染料，该偶合染料在汞电极上还原产生电流，电流与亚硝酸盐浓度呈线性关系，可与标准曲线定量。在示波极谱仪上采用三电极体系，即以滴汞电极为工作电极，饱和甘汞电极为参比电极，铂电极为辅助电极进行测定。测定时要注意显色条件的严格控制、8 - 羟基喹啉溶液的配制及样品的前处理。采用单扫描示波极谱法测定香肠中的亚硝酸盐的含量，测定结果与分光光度法测定的结果基本一致。该法的检出限为 3×10^{-9} g/mL。

3. 荧光分析法

荧光分析法是光谱分析法的一种。荧光分析法的原理是亚硝酸盐与过量的对氨基苯磺酸重氮化后，剩余的对氨基苯磺酸与荧光胺作用，生成稳定的荧光团和无荧光的水解产物，在激发波长 436 nm、荧光波长 495 nm 下其荧光强度与对氨基苯磺酸的量成正比。对氨基苯磺酸原始量与重氮化后过剩的对氨基苯磺酸的量的差值为与亚硝酸盐发生重氮化反应的对氨基苯磺酸的量，进而计算出亚硝酸盐的含量。该方法的优点是灵敏度高、选择性好、试样用量小，且不受检测液本身颜色和浑浊的干扰，也不受样品稀释度的影响；但是操作较为复杂，对环境因素敏感，干扰因素较多，而且适用范围不广泛。

4. 离子色谱法

离子色谱法是液相色谱法的一种。如离子色谱法同时测定苹果汁中的亚硝酸盐、硝酸盐和硫酸盐的含量，提出了用离子色谱 / 电导检测法来进行测定。采用 IonPac AS11-HC 阴离子交换分离柱、30 mg/L 氢氧化钾作流动相，自动再生抑制型电导检测器 ASRS-4 mm，该方法有良好的线性和重复性，相关系数为 0.999 6，相对偏差小于 3%，回收率为 97.0%。

5. 其他检测方法

目前还有以下方法应用于亚硝酸盐的检测：气相色谱法（GC）、高效液相色谱法（HPLC）、毛细血管电泳（CE）、催化动力学法、气相流动分析 - 红外检测法等。

液相色谱法测定蔬菜中的硝酸盐和亚硝酸盐含量。研究表明：蔬菜中硝酸根和亚硝酸根的线性范围为 0 ~ 60 mg/kg，其线性相关系数为 0.999 9，亚硝酸检出限为 0.04 mg/kg，硝酸检出限为 0.01 mg/kg，亚硝酸回收率为 99.2% ~ 102.4%，硝酸回收率为 98.7% ~ 99.3%，相对标准偏差分别为 0.79% 和 0.25%。与国标相比，本法操作简便、灵敏度高、快速，易于推广。

毛细血管离子电泳法同时测定咸菜中的硝酸根和亚硝酸根，以溴离子为内标，建立毛细血管离子电泳同时测定的方法。该方法主要受缓冲溶液的 pH 值、样品和缓冲溶液 NaOH 浓度、分离电压对分离的影响。结果表明：缓冲溶液的 pH 值为 3.5 为背景电解质，硝酸根和亚硝酸根的检出限分别为 0.01 mg/kg 和 0.03 mg/kg。

导数伏安法测定肉类食品中的亚硝酸盐含量。在盐酸介质中，痕量亚硝酸根对溴酸钾氧化中性红的反应具有极强的催化作用，研究最佳反应条件，发现在氨缓冲溶液中的中性红具有良好的导数电流峰，通过悬汞电极跟踪催化反应过程中中性红浓度的变化，建立了测定痕量亚硝酸根的新方法。该方法的线性范围是 $1.2 \times 10^{-7} \sim 5.0 \times 10^{-4}$ μg/mL，应用于肉类食品中亚硝酸根的测定。

食品中亚硝酸盐检测的方法层出不穷，各有利弊。分光光度法所用仪器设备简单、价廉、灵敏度也较高，实用性和可操作性强，易于在要求不太高的单位使用。连续流动分析与分光光度法相结合，大大提高了方法的灵敏度，可同时测定硝酸盐和亚硝酸盐，操作更为简便、快速，消耗的反应液和样品量小，已经成为光谱分析法研究的一个新热点，具有十分广泛的前景。紫外分光光度法的优点是不经分离可同时测定硝酸盐和亚硝酸盐，具有良好的选择性，操作简便。一阶导数紫外分光光度法和第二衍生光波/可见光谱法已经成为近年来光度分析法中研究的新热点，拓宽了分光光度法研究的领域。催化动力学法近年来发展较快，使用广泛，检测限一般为 $10 \sim 20$ g/mL，可直接测定样品中痕量硝酸盐和亚硝酸盐。荧光分析法不受检测液本身颜色和浑浊及样品稀释度的干扰，但是操作复杂，对环境因素敏感，适用范围窄。

二、相关检测标准分析

在食品伙伴网的标准网页（http://down.foodmate.net/standard/index.html）中输入"亚硝酸盐"进行搜索，从结果中可以看出，现行有效标准中主要包括针对食品、水质、饲料、化妆品等对象进行亚硝酸盐的检测，主要使用的方法包括分光光度法、离子色谱法两类方法。

 任务实施

一、确定腊肉中亚硝酸盐的检测标准

根据检测任务，腊肉属于肉类，因此《食品安全国家标准 食品中亚硝酸盐与硝酸盐的测定》（GB 5009.33—2016）、《进出口食用动物、饲料中亚硝酸盐测定 比色法和离子色谱法》（SN/T 5120—2019）、《食品中亚硝酸盐的快速检测 盐酸萘乙二胺法》（KJ 201704）三个标准均可行。

| 码 1-1-2 | 码 1-1-3 | 码 1-1-4 |
| GB 5009.33—2016 | SN/T 5120—2019 | KJ 201704 |

《食品安全国家标准 食品中亚硝酸盐与硝酸盐的测定》（GB 5009.33—2016）、《进出口食用动物、饲料中亚硝酸盐测定 比色法和离子色谱法》（SN/T 5120—2019）两个标准中均包含离子色谱法和分光光度法，能够进行准确定性和定量分析。《食品中亚硝酸盐的快速检测 盐酸萘乙二胺法》（KJ 201704）只能快速进行定性分析，不能进行定量分析。

离子色谱法灵敏度高，定量准确，但是仪器较为昂贵。分光光度法，仪器操作简便、快速，方法的灵敏度较高。本项目选定相对来说操作较为简单、应用更广的《食品安全国家标准 食品中亚硝酸盐与硝酸盐的测定》（GB 5009.33—2016）中的分光光度法进行检测。

二、编写腊肉中亚硝酸盐检测工作手册

下载《食品安全国家标准 食品中亚硝酸盐与硝酸盐的测定》（GB 5009.33—2016），并编写检测工作手册，主要内容包括样品基本情况、检测试剂配制、试验设备准备、操作流程、原始数据记录、结果分析、出具报告等内容，可以参考检测工作手册范例，并在项目后续的学习过程中不停地完善。原始数据记录表可以参考表1-1-1。

表 1-1-1　腊肉中亚硝酸盐含量检测报告单

姓名：					小组成员：				
样品编号					样品名称				
检测依据					检测地点				
主要仪器及型号					环境条件	温度：　　℃ 湿度：　　%RH			
分析前	测样品状况：□完好□异常 仪器状况：□正常□异常				分析后	测样品状况：□完好□异常 仪器状况：□正常□异常			
标准 溶液	质量浓度	0	1	2	3	4	5	7.5	10	12.5
	吸光度									
	回归方程									

样品溶液			1	2	3
取样量 m/g					
样品处理液总体积 V_1/mL					
测定时取样品处理液体积 V_2/mL					
样品溶液吸光度					
测定用样品液中亚硝酸盐的量 /μg					
测定值 X/(mg·kg^{-1})					
平均值 $\overline{X}$/(mg·kg^{-1})					
相对平均偏差 RSD/%					

三、梳理项目操作流程

为了整体把握腊肉中护色剂的检测过程，更有条理地开展项目，对项目的总体流程进行梳理，追踪亚硝酸盐在检测过程中的迁移变化情况，分析操作中的重点注意细节，如图 1-1-2 所示。

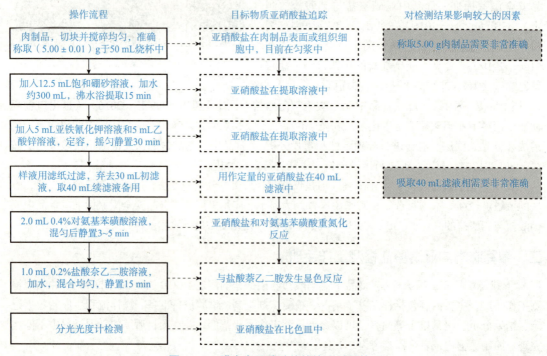

图 1-1-2　腊肉中亚硝酸盐的检测过程梳理

任务二　检测试剂准备与样品处理

任务描述

严格按照检测工作手册或标准准备所需的检测试剂，在试验之前思考好了再开始操作，避免造成试剂浪费和环境污染。标准溶液是检测必须用到的试剂，应精确计算，使用精确的容器精确配制。腊肉样品通过样品制备、沸水提取、沉淀净化、过滤备用。

任务引导

- ✓ **一是知识学习**。通过"必备知识"模块掌握样品处理中硼砂、亚铁氰化钾、乙酸锌这三种试剂的作用和原理。
- ✓ **二是样品制备**。随机抽取肉制品样品，取可食部分，搅拌粉碎制成待测样。
- ✓ **三是提取净化**。沸水提取目标物、加入亚铁氰化钾和乙酸锌溶液净化，沉淀蛋白质等杂质，过滤后备用。

必备知识

肉制品的基质复杂、类型繁多，含有大量的脂肪和蛋白质等物质，这对于样品的前处理有很大的挑战。样品前处理的好坏不仅对后续的分析检测过程有很大影响，也影响检测结果的可靠性。样品前处理包括目标化合物的提取和干扰杂质的去除两部分。对于含有亚硝酸盐的肉制品需要经过搅碎并混合均匀，加入硼砂饱和溶液调节 pH 值，以 70 ℃以上热水浸提样品中目标物。提取物中含有蛋白质和脂肪等干扰物，在提取物中加入亚铁氰化钾和乙酸锌溶液形成亚铁氰化锌，与蛋白质发生共沉淀现象，以沉淀干扰物。如果样品油脂含量较高，可以在检测之前，采用冷却的方式使样品中的脂肪凝固，去除后再进行后续处理。

 小思考　常见的澄清剂除亚铁氰化钾和乙酸锌外，还有哪些？

任务实施

 小提示：请扫描右侧二维码，查看微课：肉类中亚硝酸盐的提取与净化。

一、样品制备

（1）取样：随机抽取肉制品样品，取可食部分，切成 1 cm 左右大小。

模块一

（2）搅碎：将肉制品放入搅碎机中搅碎，制成待测样。搅碎时要根据样品的多少调整合适的转速，以保证样品充分搅碎。

二、提取

（1）称量：称量前，先将天平调至水平。准确称取三份样品（5.00 ± 0.01）g 于 50 mL 烧杯中。称量过程中保持天平洁净。称量完毕后，要及时记录数据，并做好标记。加入 12.5 mL 饱和硼砂溶液，搅拌均匀。

（2）沸水提取：以 70 ℃左右约 300 mL 的水将试样洗入 500 mL 容量瓶中，置沸水浴中加热 15 min，取出置冷水浴中冷却并放置至室温。

小思考 一般来说，热的玻璃器皿不能直接放入冷水中，温度的突然变化可能导致玻璃器皿破裂。为什么在本实验室中，可以把在水浴中刚刚加热完成的容量瓶直接放入冷水浴中？

三、净化

（1）去蛋白：在振荡上述提取液时加入 5 mL 亚铁氰化钾溶液，摇匀，再加入 5 mL 乙酸锌溶液以沉淀蛋白质。摇匀，加水至容量瓶的刻度，混合均匀放置 30 min。

小知识 加水至刻度要非常准确，这会影响到亚硝酸盐的检测结果。

（2）过滤：样液用滤纸过滤，弃去 30 mL 初滤液，取 40 mL 续滤液备用。过滤时滤纸根据漏斗大小适当调整，并用少量滤液润湿。过滤操作时应遵循"一贴、二低、三靠"原则。一贴是指滤纸紧贴漏斗壁；二低是指滤纸边缘要低于漏斗的边缘，滤液液面要低于漏斗边缘；三靠：一是指待过滤的液体倒入漏斗时，盛有待过虑液体的烧杯要靠在倾斜的玻璃棒上，用玻璃棒引流；二是指玻璃棒的下端要靠在三层滤纸一边；三是指漏斗的颈部要紧贴烧杯的内壁。

💡 小提示
样品沉淀后滤液不要放置过久，以免亚硝酸盐发生氧化成为硝酸盐，从而影响测定结果。

任务三　上机检测与结果分析

任务描述

首先配制一系列不同浓度的亚硝酸盐标准溶液（9 支）和样品溶液（3 支），进行显色反应。然后将分光光度计开机预热、仪器校正后依次测定标准溶液和样品溶液吸光度，绘制标准曲线，进行数据处理和结果计算。

根据检测结果，填写原始记录，并填写检测工作手册中的检测报告。

任务引导

✓ **一是知识学习。**通过"必备知识"模块掌握分光光度计工作原理、仪器结构，标准曲线绘

制方法及分光光度法测定亚硝酸盐的工作原理。

✓ **二是显色反应。** 配制一系列不同浓度的亚硝酸盐标准溶液（9 支）和样品溶液（3 支），加入对氨基苯磺酸重氮化后，再与盐酸萘乙二胺偶合形成紫红色染料。

✓ **三是上机测定。** 分光光度计开机预热、仪器校正后依次测定标准溶液和样品溶液吸光度。

✓ **四是结果分析。** 根据吸光度和浓度绘制标准曲线，进行数据处理、结果计算，并出具报告。

必备知识

一、分光光度计工作原理

目前，国内外定量测定食品中亚硝酸盐的方法主要有分光光度法、荧光法、催化动力法和离子色谱法。其中，分光光度法因操作简便、回收率高、重现性好而被广泛使用。

（一）分光光度法概述

分光光度法是通过测定被测物质在特定波长处或一定波长范围内光的吸光度，对该物质进行定性和定量分析的方法。

朗伯 – 比尔定律是分光光度法的理论基础和定量测定的依据。其主要内容为当一束平行的单色光通过均匀、非散射的稀溶液时，溶液对光的吸收程度与溶液的浓度及液层的厚度的乘积成正比。

图 1-1-3 式中 A 为吸光度，l 为溶液层厚度（cm），C 为溶液的浓度（mol/L），ε 为吸光系数。其中，吸光系数与溶液的本性、温度及波长等因素有关。溶液中其他组分（如溶剂等）对光的吸收可用空白液扣除。

由此可知，当固定溶液层厚度 l 和吸光系数 ε 时，吸光度 A 与溶液的浓度呈线性关系（图 1-1-4）。在定量分析时，首先需要测定溶液对不同波长光的吸收情况（吸收光谱），从中确定最大吸收波长，然后以此波长的光为光源，测定一系列已知浓度 C 溶液的吸光度 A，作出 A-C 工作曲线。在分析未知溶液时，根据测量的吸光度 A，查工作曲线即可确定出相应的浓度。这便是分光光度法测量浓度的基本原理。

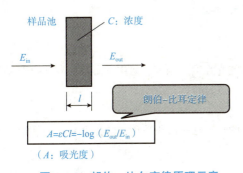

图 1-1-3　朗伯 – 比尔定律原理示意

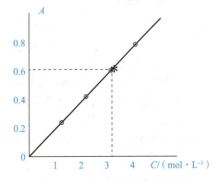

图 1-1-4　标准曲线法原理示意

 拓展知识

分光光度法的前世今生

分光光度法始于牛顿。早在 1665 年牛顿做了一个试验：他让太阳光透过暗室窗上的小圆孔，在室内形成很细的太阳光束，该光束经棱镜色散后，在墙壁上呈现红、橙、黄、绿、蓝、靛、紫的色带。这个色带就称为"光谱"。

朗伯在 1760 年发现物质对光的吸收与物质的厚度成正比，后被人们称为朗伯定律；比耳在 1852 年发现物质对光的吸收与物质浓度成正比，后被人们称为比耳定律。在应用中，人们将朗伯定律和比耳定律联合起来，又称为朗伯 – 比耳定律。

1854 年，杜包斯克（Duboscq）和奈斯勒（Nessler）等人将此理论应用于定量分析化学领域，并且设计了第一台比色计。到 1918 年，美国国家标准局制成了第一台紫外可见分光光度计。此后，紫外可见分光光度计经不断改进，又出现自动记录、自动打印、数字显示、微机控制等各种类型的仪器，使光度法的灵敏度和准确度也不断提高，其应用范围也不断扩大。

分光光度法从问世以来，在应用方面有了很大的发展，尤其是在相关学科发展的基础上，促使分光光度计仪器的功能更加齐全，更拓宽了光度法的应用范围。

（二）分光光度计构成

分光光度计的基本结构包括光源、单色器、吸收池、检测器、数据处理系统（图 1-1-5）。

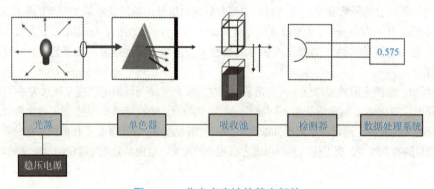

图 1-1-5　分光光度计的基本部件

1. 光源

光源是发出所需波长范围内的连续光谱，有足够的光强度、稳定、使用寿命长。常见的光源有可见光光源（320 ～ 1 000 nm）和紫外光光源（185 ～ 375 nm）。

2. 单色器

单色器是将光源发射的复合光分解成单色光并从中选出任一波长单色光的光学系统。最常见的单色器是棱镜和光栅。

3. 吸收池（样品室）

吸收池是盛有样品溶液的比色皿，根据光学透光面的材质可分为玻璃吸收池（用于可见光区测定）和石英吸收池（用于紫外光区测定）两种。

4. 检测器

检测器是利用光电效应，将透过吸收池的光信号变成可测的电信号，并将信号放大的装置。常用的检测器有光电池、光电管或光电倍增管。

5. 结果显示记录系统

由检测器产生的电信号，经放大等处理后，用一定方式显示出来，以便于计算和记录。

小故事

国产紫外打响品质战　进军高端市场

紫外可见分光光度计（Ultraviolet Visible Spectrophotometer，UV），自 1940 年由美国贝克曼（Beckman）公司研制成功并于 1945 年推出商品化仪器之后，已发展成为世界实验室中使用最多、覆盖面最广的一类分析仪器。据了解，其全球市场有几十亿人民币的规模，而国产 UV 产品占的比例相对较小。

目前 UV 的生产厂商有很多，国外的主要有珀金埃尔默（PerkinElmer）、岛津、安捷伦（Agilent）、日立（Hitachi）、贝克曼（Beckman）等，国内主要有普析、瑞利、上海光谱、尤尼柯、上海精科、上海棱光、上海天美等，竞争异常激烈。其中，北京普析通用仪器有限责任公司（简称普析）于 2012 年 8 月召开了"普析 T10 双光束紫外可见分光光度计技术鉴定会"，正式揭开国产高端 UV 产品——T10 的"神秘面纱"。

T10 系列双光束紫外可见分光光度计是一款研究级紫外可见分光光度计产品，曾获得北京分析测试学术报告会暨展览会（Beijing Conference and Exhibition on Instrumental Analysis，BCEIA）金奖。该仪器配有低噪音信号检测系统，保证 0.000 04 T% 的低杂散光。光度范围宽达 −8 Abs ～ 8 Abs，可以满足吸光度高的样品测试需求。应用于教学研究、卫生防疫、环境监测、农林牧渔业、制造业、计量校准、行政机关、市政、科研机构、勘察水利等领域。

仪器厂商的 UV 产品发展趋势如下。

（1）创造细分市场，走"专用化"道路：传统 UV 产品的应用范围广泛，随着技术的进步及行业的细分，对仪器专用化的要求也越来越多。为了应对细分市场的需求，普析在应用开发方面也做了很多的工作，针对生物材料、临床诊断等不同方向进行一些细分，研究开发一些专用的附件和软件。

（2）信息技术提供人性化的操作体验：随着信息化的发展，操作的便捷性和体验性也是仪器的一个重要发展方向。对于通用的 UV 产品来说，操作的体验性也是吸引用户眼球的一个重要的因素。普析新产品 T10 就是抓住用户的这一心理，为传统的 UV 产品配备了便携式计算机。

（3）高端产品是未来国际竞争的"突破口"：T10 的研制和推出能填补国内研究级紫外的空白，主要指标如杂散光等超过国外同类产品，达到国际领先水平，成为国外高端紫外产品的有力的竞争对手，使国产高端仪器产品走向世界，推动行业发展，树立中国制造民族品牌的良好形象。

目前技术发展日新月异，分光光度计应用越来越广泛。请查阅资料，思考未来分光光度计还有哪些发展趋势？

二、标准曲线及影响因素

在分光光度法测定中，标准曲线是直接用标准溶液制作的曲线，是用来表达被测物质浓度（或含量）与分析仪器响应值之间定量关系的曲线。被测物质的浓度在仪器上的响应信号在一定范围内呈线性关系，被测物质的含量可以从标准曲线上查出。因此，标准曲线的好坏影响测定结果的准确度。

1. 标准曲线的表达式

标准曲线应是一条通过原点的直线，如果坐标上各浓度点基本在一条直线上可不进行回归处理，但在试验中不可避免地存在测定误差，往往会有 1 ～ 2 个点偏离直线，此时可用最小二乘法进行回归分析，然后绘制曲线，通常称为回归直线。代表回归直线的方程叫作回归方程，表达式为 $y = bx + a$（式中，b 为直线斜率；a 为 y 轴上的截距；x 为被测溶液的浓度；y 为吸光度，是多次测定结果的平均值）（图 1-1-6）。

模块一

2. 标准曲线的参数

标准曲线有三个参数，即相关系数（r），斜率（b）和截距（a）。

（1）相关系数（r）：相关系数是表示变量 x 与 y 之间的线性关系的密切程度。如果 $r=1$ 则所有点都落在一条直线上，y 与 x 完全呈现线性关系，但在分析中总存在随机误差，所以，一般 $r^2 \geq 0.999$ 即可达到要求，取至最后一个 9 后面保留一位数字，不进行数值修约。当相关系数太差时，其试验水平受到怀疑，应查找原因，重新绘制标准曲线。

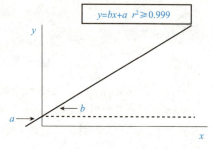

图 1-1-6　标准曲线及回归方程

💡 **小提示**

为了使回归方程比较好，在制作标准曲线的试验中应细心操作，最好在每个浓度点，特别是高、低浓度点重复测定三次，取平均值计算回归方程，做到精益求精。

（2）斜率（b）：某种分析方法的斜率在试验条件基本一致的情况下是相对稳定的，斜率是检验分析方法灵敏度的，因此，当斜率出现异常数据（超过相当偏差的 2.5%）时，就要寻找原因。

（3）截距（a）：截距是评价标准曲线准确度的，是试验误差在 y 轴上（或 x 轴上）的反映，当用扣除空白值吸光度的数值为 y 值进行回归时，理论上 a 值应为零，但实际上截距等于零的情况是很罕见的，当系统误差减至允许程度后，随机误差总是存在的，因此截距一般不为零，若存在显著的系统误差或操作误差，测得 a 值较大时（$|a|>0.010$）应找出原因后，重新绘制标准曲线。

3. 影响标准曲线线性关系的因素

（1）**分析法自身的精密度**：如当显色反映的灵敏度不高时，被测物低于某一浓度就不能显色，当显色溶液中的掩蔽剂或缓冲液能够络合少量被测离子，就会使标准曲线线性关系不好或不通过坐标原点。例如，用铬酸钡分光光度法测定水中硫酸盐、用双硫腙分光光度法测定水中锌在标准曲线的低浓度就可能有此现象。

（2）**测定用仪器（包括量具）的精密度**：分光光度法中要求在最大吸收峰处测定吸光度，因此要求分光光度计的有效谱带宽度越窄越好，有利于获得纯度高的单色光。当单色光纯度不够时，测定的吸光度偏低。

（3）**易挥发的溶剂所引起的测定溶液浓度的改变**：如双硫腙分光光度法测定水中的锌、铅、镉，4－氨基安替比林分光光度法测定挥发酚，亚甲蓝分光光度法测定阴离子合成洗涤剂时，所用的四氯化碳、氯仿溶剂，因其挥发性在试验过程中因时间问题，均会使测定的溶液浓度增大，使吸光度的重现性较差。

（4）**污染**：制作标准曲线的操作步骤中，有无损失或玷污，当空白值较高时，纯水、试剂的加入量是否一致。

（5）**分析人员操作的影响**：实践证明，制作标准曲线所得的一组浓度与仪器响应信号值对应点，往往不是以函数关系严格地分布在一条直线上，而是有一定程度的偏离。如果测定方法是稳定的，试验操作也是严密的，则各试验点很可能接近一条直线。反之如 pH 值的控制、温度的控制、比色时间、加液的速度、振摇时间和强度、器皿洗涤、测量误差等方面控制不当，都有可能造成误差。

三、分光光度法检测亚硝酸盐的原理

样品经沉淀蛋白质、除去脂肪后，在弱酸条件下，亚硝酸盐与对氨基苯磺酸重氮化后，再与盐酸萘乙二胺偶合形成紫红色染料，其最大吸收波长为 538 nm，其颜色的深浅与亚硝酸盐的含量成正比，可与标准比较定量。通过分光光度计比色测定，计算出样品中亚硝酸盐的含量。其反应式如图 1-1-7 所示。

$$2HCl+NaNO_2+H_2N-\!\langle\ \rangle\!-SO_3H \xrightarrow{\text{重氮化}}$$

$$Cl-N-\!\langle\ \rangle\!-SO_3H+NaCl+2H_2O$$
$$\ \ \ \ \ \ \overset{|||}{N}$$

$$2HCl\cdot H_2NH_2CH_2CHN-\!\langle\!\langle\ \rangle\!\rangle\!+Cl-N-\!\langle\ \rangle\!-SO_3H \xrightarrow{\text{偶合}}$$
$$\text{盐酸萘乙二胺}\ \ \ \ \ \ \ \ \ \ \ \ \ \ \ \overset{|||}{N}$$

$$2HCl\cdot H_2NH_2CH_2CHN-\!\langle\!\langle\ \rangle\!\rangle\!-N=N-\!\langle\ \rangle\!-SO_3H+HCl$$
$$\text{紫红色}$$

图 1-1-7　分光光度法测定亚硝酸盐原理化学方程式

任务实施

小提示：请扫描右侧二维码，查看微课：分光光度法检测肉类中亚硝酸盐的含量。

一、显色

（1）取 50 mL 比色管 9 支，分别移入 5 μg/mL 亚硝酸钠标准使用液 0.0 mL、0.20 mL、0.40 mL、0.60 mL、0.80 mL、1.00 mL、1.50 mL、2.00 mL、2.50 mL（每管相当于含有亚硝酸盐 0.0 μg、1.0 μg、2.0 μg、3.0 μg、4.0 μg、5.0 μg、7.50 μg、10.0 μg、12.5 μg），同时移取 40 mL 样品处理液于 50 mL 比色管中。

（2）于 12 支比色管中分别移入 2.0 mL 0.4% 对氨基苯磺酸溶液，混合均匀后静置 3～5 min。

（3）各加入 3 mL 0.2% 盐酸萘乙二胺溶液，加水定容，混合均匀，静置 15 min。

小思考　显色过程中必须按顺序添加氨基苯磺酸和盐酸萘乙二胺，不得颠倒顺序，请思考其原因。

二、上机检测

1. 仪器校正

（1）开机预热 30 min。

（2）设置波长为 538 nm。

（3）放入 0 号参比管，打开盖子，调节投射比为 0。

（4）盖上盖子调节投射比为 100%。

（5）反复 2～3 次，直至稳定。

2. 测定标准溶液吸光度

（1）依次放入标准溶液，读取吸光度。

（2）以亚硝酸盐含量为横坐标，以吸光度为纵坐标，绘制标准曲线。

（3）样品检测：将样品溶液放入分光光度计，于 538 nm 处测定吸光度，从标准曲线上查出样品溶液中含有的亚硝酸盐的含量。

三、数据分析

💡 **小提示**：请扫描右侧二维码，查看微课：出具亚硝酸盐的检测报告。

1. 规范填写原始数据

将 0.0 μg、1.0 μg、2.0 μg、3.0 μg、4.0 μg、5.0 μg、7.5 μg、10.0 μg、12.5 μg 9 个标准溶液对应的吸光度分别填入原始记录表中，将样品吸光度填入原始记录表格中。

2. 定量分析

根据标准曲线的回归方程，计算出 40 mL 样液中亚硝酸盐含量，单位为 μg，然后按照下式计算样品中亚硝酸盐的含量：

$$X = \frac{C \times V_1}{m \times V_2}$$

式中　X——试样中亚硝酸钠的含量（mg/kg）；

C——测定用样液中亚硝酸钠的质量（μg）；

m　——试样质量（g）；

V_1——试样处理液总体积（mL）；

V_2——测定用样液体积（mL）。

以重复性条件下获得两次独立测定结果的算术平均值，结果保留两位有效数字。为了评估检测的精密度，根据下式计算相对标准偏差（Relative Standard Deviation，RSD）值：

$$RSD = \frac{\sqrt{\dfrac{\sum\limits_{i=1}^{n}(x_i - \bar{x})^2}{n-1}}}{\bar{x}} \times 100\%$$

式中　$\bar{x}$——三个腊肉样品中亚硝酸盐含量平均值（mg/kg）；

n——平行样品个数，为 3；

x_i——每个平行样品中亚硝酸盐的含量（mg/kg）。

3. 出具检测报告

一般来说，第三方检测结构没有执法权，因此仅在报告中写明检测数值，不能写超标或者不超标。

💡 **小提示**

试验用的是质量作为横坐标、吸光度作为纵坐标的质量标准曲线，因此，未知样品带入回归方程中计算出的浓度为检测用 40 mL 样液中的亚硝酸盐含量，与常用的浓度标准曲线不同，计算的时候要注意。

👉 思考题

一、选择题

1. [单选]《食品添加剂使用标准》规定亚硝酸盐类护色剂的使用范围不包括（   ）。
   A. 熏肉   B. 香肠   C. 板鸭   D. 蔬菜
2. [多选]肉制品中护色剂的常见检测技术包括（   ）。
   A. 分光光度法   B. 示波极谱法   C. 离子色谱法   D. 电极法
3. [单选]肉类中亚硝酸盐的提取与净化过程中添加亚铁氰化钾和乙酸锌溶液的主要目的是（   ）。
   A. 沉淀蛋白   B. 去除脂肪   C. 易于提取   D. 调整酸碱度
4. [单选]亚硝酸盐类护色剂的功能不包括（   ）。
   A. 护色作用   B. 抑菌作用   C. 增强风味   D. 着色作用

二、判断题

1. 研究表明亚硝酸钠在众多食品添加剂中是急性且毒性较强的物质之一，因此在食品加工中应禁止添加。（   ）
2. 亚硝酸盐采用盐酸萘乙二胺法测定，试样经沸水提取后，加入亚铁氰化钾与乙酸锌溶液沉淀蛋白质，静置过滤除去脂肪后，在弱酸条件下亚硝酸盐与对氨基磺酸重氮化后，再与盐酸萘乙二胺偶合形成紫红色染料，其颜色深浅与亚硝酸盐的含量成正比。（   ）
3. 在光度分析法中，溶液浓度越大，吸光度越大，测量结果越准确。（   ）

三、填空题

1. 进行食品中护色剂检测时，样品预处理主要包括_____和_____两个步骤。
2. 不同浓度的同一物质，其吸光度随浓度增大而_____，但最大吸收波长_____。
3. 我国批准许可使用的护色剂为_____，国外还许可使用_____。

👉 项目总结

  本项目以腊肉中亚硝酸盐的检测为载体，引导学生完整地学习检测机构如何对食品中的护色剂进行检测。主要的流程包括选定检测标准、制订检测方案、试剂配制、样品处理，分光光度计检测、结果分析。肉制品的基质复杂、类型繁多，含有大量的脂肪和蛋白质等物质。在弱酸条件下，需要用到亚铁氰化钾和乙酸锌沉淀试样中的蛋白质并去除脂肪后，亚硝酸盐与对氨基苯磺酸重氮化，再与盐酸萘乙二胺偶合反应，以分光光度法测定其亚硝酸盐含量。食品中护色剂最常用检测技术是分光光度法，采用本法回收率高，重现性好，而且操作简便，适用于批量测定。

  通过学习，请思考以下三个问题：
1. 使用分光光度法测定食品中亚硝酸盐含量的试验原理是什么？
2. 制作标准曲线的过程中有哪些需要注意的地方？
3. 本项目中，哪些地方要注意成本控制？哪些地方影响检测准确度？哪些地方需要注意安全？

 **增值自评**

1. 定量自评（表1-1-2）

表 1-1-2　定量自评表

项目	具体内容	掌握程度				得分
		掌握 （10分）	熟悉 （8分）	了解 （5分）	不明白 （0分）	
理论知识	食品中护色剂的检测特点					
	亚铁氰化钾和乙酸锌的作用及原理					
	分光光度计工作原理及仪器结构					
	标准曲线原理及影响因素					
	分光光度法测定亚硝酸盐原理					
	数据处理结果分析					
实践技能	分析标准，确定标准					
	编写检测工作手册					
	样品制备、提取和净化操作					
	标准溶液的配制及显色反应					
	分光光度计的仪器操作					
	标准曲线绘制及评价					
	亚硝酸盐的结果定量分析					

项目	具体内容	养成情况				得分
		深刻领悟 （10分）	一定的领悟 （8分）	有感觉 （5分）	没感觉 （0分）	
职业素养	质量、安全、环保、成本意识					
	劳动光荣的观念					
	精益求精、严谨公正的工匠精神					
	科学辩证、勇于创新的科学思维					
	家国情怀					
总分 *						

* 一般来说，总分为全班最高分的 70% 以下为不合格，凡是得 0 分的项都是需要专门关注与专项提升的内容。

2. 定性自评（表1-1-3）

表 1-1-3　定性自评表

检测理论	有进步吗？ √ ×	如有，请列出你觉得最有用的一项 _____
检测技术	有进步吗？ √ ×	如有，请列出你觉得最有用的一项 _____
对检测工作的认识	有深入吗？ √ ×	如有，请写出你印象最深刻的一点 _____

项目二　饮料中色素检测

> ## 知识目标

1. 了解色素的种类及理化特性，目前色素的检测技术。
2. 掌握聚酰胺吸附法的原理。
3. 掌握混合标准溶液配制的原理及注意事项。
4. 掌握 HPLC-UV 的原理，熟悉其在添加剂检测中的应用情况。

> ## 技能目标

1. 能查找标准，制订检测方案，编写工作手册。
2. 能规范进行样品预处理操作。
3. 能规范使用高效液相色谱仪进行色素检测。
4. 能正确分析数据，出具检测报告。

> ## 素质目标

1. 树立劳动光荣、劳动伟大、崇尚劳模的观念。
2. 在检测工作中养成质量、安全、环保、成本意识。
3. 养成精益求精、严谨公正的工匠精神。
4. 养成辩证看待食品添加剂使用等问题，以及同学思辨、勇于探索的科学思维。
5. 树立关注食品安全、守护人民健康的家国情怀。

任务一　制订检测方案

 ## 任务描述

　　本项目是一个典型的委托检测业务，不涉及采样，是来样检测。制订检测方案是开展检测工作的第一步，也是后续工作能够顺利开展的基础，能够显著地提高工作效率。根据检测样品——饮料、检测目标物——色素的特点，实验室的检测设备条件，以及客户的检测要求，确定合适的标准，然后根据标准编写检测工作手册。在工作手册中详细列出本项目要使用的仪器、耗材，以及需要记录的原始数据。

模块一

⚡ 任务引导

- ✓ **一是知识学习**。通过"必备知识"模块了解色素的检测特点，目前常用色素的检测方法，现行有效的可用于色素检测的标准特点。
- ✓ **二是确定标准**。根据上述知识，结合设备情况确定检测标准。
- ✓ **三是编写手册**。根据检测标准，编写检测工作手册。
- ✓ **四是梳理思路**。梳理出整个检测流程，特别要关注的是检测目标物——色素在检测过程中的迁移情况，为实施检测做好准备。

👥 必备知识

一、色素检测的特点

💡 **小提示**：请扫描右侧二维码，查看微课：色素的检测特点。

（一）色素的种类

食品的颜色是食品给消费者视觉的第一感官印象。赋予食品恰如其分的颜色，可使人赏心悦目，引起人的食欲。食用色素是指本来存在于食物或添加剂中的发色物质，又称着色剂，是一种重要的食品添加剂。色素按照来源和性质可分为天然食用色素和合成食用色素。天然食用色素是指从天然食物中取得的着色物质。大多是从植物、微生物、动物的可食部分用物理方法提取、纯化的食用着色剂。色素按色调可分为红紫色系列、黄橙色系列和蓝绿色系列；按化学结构可分为类胡萝卜素类、黄酮类、花青素类、双酮类等八类。

近十几年来国内外研究表明，许多天然色素除具有基本的着色性能外，还具有一定的生理活性功能，如活化免疫细胞、提高机体免疫力、抗癌、抑癌等作用。因此，多功能性天然食用色素备受关注，成为一个热点。目前，国际上允许使用的食用天然色素已达50多个品种。我国允许使用的食用天然色素品种均已列入《食品添加剂使用标准》名单中，总共40多种，包括β-胡萝卜素（发酵法）、甜菜红、姜黄、红花黄、虫胶红、辣椒红、辣椒橙、焦糖色（不加氨生产）、焦糖色（亚硫酸铵法）、焦糖色（加氨生产）、茶黄素、茶绿素、柑橘黄、胭脂树橙（红木素/降红木素）、胭脂虫红等。

天然色素物质，由于其对光、热、酸、碱等敏感，所以在加工、储存过程中很容易褪色和变色，影响其感官性能。因此，在食品中有时添加合成色素。合成色素的原料主要是化工产品，由于具有色泽鲜艳、性质稳定、易于调色、着色力强、成本低、使用方便等特点，因而不易为天然色素所取代。我国《食品添加剂使用标准》列入的合成色素有胭脂红、苋菜红、日落黄、赤藓红、柠檬黄、新红、靛蓝、亮蓝等。合成色素多由苯、甲苯、萘等化工产品经过磺化、硝化、偶氮化等一系列有机反应化合制成，因而易对人体产生危害，所以，不同国家都规定了食品中合成色素的使用品种、使用范围及使用量。

（二）食品中合成色素的安全性

从安全性来说，人工合成色素只要在国家许可范围和标准内使用，就不会危害健康。 目前所面临的问题是食品中添加色素的行为过于普遍，即使某一种食品中色素的含量是合格的，但消费者在生活中大量食用多种含有同样色素的食品，仍然有可能导致摄入合成色素过多。为了保证人们的健康，国家对人工合成色素在食品中允许使用的品种、范围和添加量作了严格的规定，目前被批准用于食品的常见人工合成色素有胭脂红、苋菜红、柠檬黄、日落黄、亮蓝等。《食品添加剂使用标准》明确规定食品中添加食用色素的范围和用量。例如，日落黄、柠檬黄在蜜饯、凉果中的最大使用量是 0.1 g/kg，胭脂红在红肠肠衣、植物蛋白饮料、虾片、糖果包衣中最大使用量是 0.025 g/kg。软饮料（如碳酸饮料）、蜜饯、糕点、糖果、果冻等可使用规定的食用色素；牛奶、纯水、肉制品（如肉干、肉脯、肉松）、炒货（如瓜子、松子）等禁止添加人工合成色素；婴幼儿食品中严禁使用任何人工合成色素。

（三）食品中合成色素检测方法研究

1. 高效液相色谱法

高效液相色谱法原理：食品中人工合成着色剂用聚酰胺吸附法或液－液分配法提取，配制成水溶液，注入高效液相色谱仪，经反相色谱分离，根据保留时间定性和峰面积比较进行定量。该方法最低检出限可达到纳克级，并且重现性好，准确度高。有学者在检测高脂肪食品中合成色素时，在碱性溶液中用正己烷萃取食品中的脂肪，分层后移除脂肪层，从剩余溶液中提取柠檬黄、苋菜红、靛蓝、胭脂红、日落黄、诱惑红、亮蓝七种合成色素，用二极管阵列检测器（Diode Array Detector，DAD）检测，该方法回收率为 92.2% ～ 102.1%，检出限为 0.1 mg/kg。检测肉制品时，在匀浆器上制成肉糜后，用乙醇－氨溶液对色素进行提取，同时除去大量蛋白质，剩余的少量蛋白质通过改变 pH 值和加热的方法使其变性，大量的脂肪在振荡后经离心过滤被除去，提取液在酸性条件下用聚酰胺吸附，在碱性条件下解吸附，定容制成水溶液上机检测，该方法回收率可达到 88.5% ～ 99.6%。测定果汁中合成色素时，采用紫外检测器变化波长的方法，在 254 nm 测定柠檬黄、苋菜红，在 498 nm 测定胭脂红、日落黄，在 600 nm 测定亮蓝，以流动相的梯度洗脱，一次性将含有五种色素的样品分离，可以避免杂质在紫外区的吸收对样品测定的干扰，保持基线平稳，并使胭脂红、日落黄、亮蓝的灵敏度得以提高。

2. 薄层层析法

薄层层析法是利用水溶性酸性合成色素在酸性条件下被聚酰胺吸附、在碱性条件下被解吸的特性，将合成色素从食品中提出，再用纸色谱或薄层色谱法进行分离，并与标准比较定性、定量的方法。薄层色谱可同时进行多个样品的分离，能重复测定，并且扫描结果或彩色摄影可以永久保存。与其他色谱法相比较，具有设备操作简单等优点。

3. 示波极谱法

示波极谱法是以滴汞电极电解合成色素分析样液，根据测量电解过程中的电流－电压特性曲线的半波电位或扩散电流进行定性或定量的方法。该方法只适用于成分比较简单的样品，对于成分比较复杂的样品，由于抗干扰性差，严重地影响合成色素在滴汞电极上产生还原波，以至于无法进行测定。通过大量试验分析，确定了样品中天然色素、脂肪、增稠剂等为测定的干扰物质，样品经除去脂肪、天然色素、增稠剂等物质后，胭脂红、苋菜红、柠檬黄、日落黄、靛蓝在氢氧化铵－氯化铵缓冲溶液中于滴汞电极上产生极谱波，亮蓝在乙酸缓冲溶液中于滴汞电极上产生极谱波，峰高与着色剂的含量成正比。

4. 紫外－分光光度法

紫外－分光光度法是指利用物质对光的吸收具有选择性，应用紫外－可见分光光度计进行吸收光谱扫描，发现不同的食用合成色素具有不同的吸收谱图，与标准谱图对照，即可直观、快速地定性，在一定浓度下，峰高与含量成正比，进行定量。该方法具有不分离即直接测定和所需仪器设备简单的优点。以常见的柠檬黄和胭脂红为例，用紫外–可见分光光度法进行饮料中混合色素不经分离同时测定的研究。该方法无须预处理，所需仪器简单，操作方法简单。

5. 其他检测方法

利用液质联用法同时测定饮料中日落黄、柠檬黄、苋菜红、胭脂红、赤藓红、诱惑红、酸性靛蓝和亮蓝八种人工合成色素。此外，还有微柱法、纸上层析法、导数光度法等。

由于人工合成色素的毒性大，应加强对食品生产企业的监督，督促其按我国食品添加剂使用标准严格控制使用量。继续完善各类食品中人工合成色素的标准及其检测方法，是我国食品安全监管部门迫在眉睫的任务。

二、相关检测标准分析

在食品伙伴网的标准网页（http://down.foodmate.net/standard/index.html）中输入"着色剂"进行搜索。从结果中可以看出，现行有效标准中针对食品、化妆品、饲料等不同对象，主要使用高效液相色谱法、液相色谱–质谱联用两类检测方法。

 任务实施

一、确定饮料中色素检测标准

根据检测任务，饮料属于食品类，因此《食品安全国家标准　食品中合成着色剂的测定》（GB 5009.35—2023）、《出口饮料、冰淇淋等食品中11种合成着色剂的检测　液相色谱法》（SN/T 4457—2016）、《出口食品中多种禁用着色剂的测定　液相色谱–质谱/质谱法》（SN/T 3540—2013）、《出口食品中脂溶性着色剂的测定》（SN/T 3638—2013）、《进出口食品添加剂检验规程　第9部分：着色剂》（SN/T 2360.9—2009）、《出口食品中水溶性碱性着色剂的测定　液相色谱–质谱/质谱法》（SN/T 3863—2014）六个标准均可行。

码 1-2-2 GB 5009.35—2023	码 1-2-3 SN/T 4457—2016	码 1-2-4 SN/T 3540—2013	码 1-2-5 SN/T 3638—2013	码 1-2-6 SN/T 2360.9—2009	码 1-2-7 SN/T 3863—2014

《食品安全国家标准　食品中合成着色剂的测定》（GB 5009.35—2023）适用于饮料、配制酒、硬糖、蜜饯、淀粉软糖、巧克力豆及着色糖衣制品中合成着色剂（不含铝色锭）的测定，标准覆盖食品范围广，且采用高效液相色谱法，方法简单，操作简便、快速，且消耗的反应液和样品量小，大大提高了方法的灵敏度。

《出口饮料、冰淇淋等食品中11种合成着色剂的检测　液相色谱法》（SN/T 4457—2016）适用于果汁、碳酸饮料、冰淇淋中柠檬黄、苋菜红、胭脂红、日落黄、诱惑红、偶氮焰红、偶氮玉红、亮蓝、喹啉黄、专利蓝、赤藓红11种合成着色剂的测定。

《出口食品中脂溶性着色剂的测定》（SN/T 3638—2013）适用于辣椒、辣椒酱、裹衣花生、香肠及糖果中苏丹橙G、甲基黄、对位红、柑橘红2号、苏丹红G、苏丹Ⅰ、苏丹Ⅱ、苏丹Ⅲ、苏丹红7B、苏丹红B、苏丹Ⅳ共11种脂溶性着色剂的测定，采用两种测定方法，即高效液相色谱法

（HPLC）和液相色谱－质谱／质谱（Liquid Chromatography Tandem Mass Spectrometry，LC-MS/MS）法。《出口食品中水溶性碱性着色剂的测定　液相色谱－质谱／质谱法》（SN/T 3863—2014）适用于硬糖、龙虾片、糖浆、果酱、饼干、蜜饯、酸奶、午餐肉、果汁中五种水溶性碱性着色剂，即碱性橙 Ⅱ、碱性嫩黄 O、碱性品红、碱性紫 5BN、罗丹明 B 的液相色谱－质谱／质谱测定和确证。这两种方法中都应用了液相色谱－质谱／质谱法，仪器设备投入较高。

《食品安全国家标准　食品中合成着色剂的测定》（GB 5009.35—2023）适用于糖果、饮料中合成色素的检测，使用的是高效液相色谱仪。其特点为操作简便、快速，且消耗的反应液和样品量较小，灵敏度较高，可同时测定多种人工合成色素，应用非常广泛。本项目选择此标准进行检测。

二、编写饮料中色素检测工作手册

下载《食品安全国家标准　食品中合成着色剂的测定》（GB 5009.35—2023）编写检测工作手册，主要内容包括样品基本情况、检测试剂配制、试验设备准备、操作流程、原始数据记录（表 1-2-1）、结果分析、出具报告等，可以参考检测工作手册范例，并在项目后续的学习过程中不断完善。

表 1-2-1　食品中人工着色剂检验原始记录

样品编号				样品名称					
检测依据				检测地点					
主要仪器及型号				环境条件		温度：　　　　℃ 湿度：　　　%RH			
分析前	测样品状况：□完好□异常 仪器状况：□正常□异常			分析后		测样品状况：□完好□异常 仪器状况：□正常□异常			
主要色谱条件	流动相： 色谱柱：　　　　柱温：　　　　进样体积：　　　　检测器：　　　　检测波长：								
试样质量 m/g		定容体积 V/mL		样品中目标物 保留时间 /min		日落黄			
						亮蓝			
日落黄标液浓度 / (mg·L⁻¹)		0	0.5	1.0		2.0	4.0		8.0
对应峰面积									
日落黄标曲线性方程									
亮蓝标液浓度 / (mg·L⁻¹)		0	0.5	1.0		2.0	4.0		8.0
对应峰面积									
亮蓝标曲线性方程									
检测项目	技术要求 / (g·kg⁻¹)	进样液中目标物的峰面积	进样液中目标物含量 ρ/(mg·L⁻¹)	样品中目标物含量计算公式	检验结果 Y/(g·kg⁻¹)	RSD	平均值 / (g·kg⁻¹)	修约值 / (g·kg⁻¹)	检验结论
日落黄 / (g·kg⁻¹)	□不得检出 □≤			$\dfrac{\rho \times V}{m \times 1\ 000}$					□符合 □不符合
亮蓝 / (g·kg⁻¹)	□不得检出 □≤								□符合 □不符合
备注	1. ND：表示"未检出"；2. 检出限：日落黄检出限为 0.5 mg/kg，亮蓝检出限为 0.2 mg/kg；3. 结果保留三位有效数字。								

检验：　　　　　　　　　　校核：　　　　　　　　　　检验日期：

模块一

三、梳理项目操作流程

整体把握饮料中色素的检测过程，有条理地开展项目，对项目总体流程进行梳理，并追踪色素在检测过程中的迁移变化情况，分析操作中需要重点注意的细节，如图 1-2-1 所示。

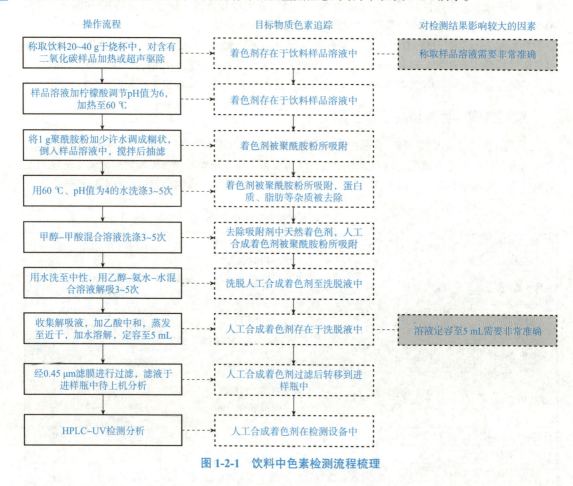

操作流程	目标物质色素追踪	对检测结果影响较大的因素
称取饮料20~40 g于烧杯中，对含有二氧化碳样品加热或超声驱除	着色剂存在于饮料样品溶液中	称取样品溶液需要非常准确
样品溶液加柠檬酸调节pH值为6，加热至60 ℃	着色剂存在于饮料样品溶液中	
将1 g聚酰胺粉加少许水调成糊状，倒入样品溶液中，搅拌后抽滤	着色剂被聚酰胺粉所吸附	
用60 ℃、pH值为4的水洗涤3~5次	着色剂被聚酰胺粉所吸附，蛋白质、脂肪等杂质被去除	
甲醇–甲酸混合溶液洗涤3~5次	去除吸附剂中天然着色剂，人工合成着色剂被聚酰胺粉所吸附	
用水洗至中性，用乙醇–氨水–水混合溶液解吸3~5次	洗脱人工合成着色剂至洗脱液中	
收集解吸液，加乙酸中和，蒸发至近干，加水溶解，定容至5 mL	人工合成着色剂存在于洗脱液中	溶液定容至5 mL需要非常准确
经0.45 μm滤膜进行过滤，滤液于进样瓶中待上机分析	人工合成着色剂过滤后转移到进样瓶中	
HPLC–UV检测分析	人工合成着色剂在检测设备中	

图 1-2-1　饮料中色素检测流程梳理

任务二　检测试剂准备与样品处理

 任务描述

严格按照检测工作手册或标准准备所需的检测试剂，在试验之前思考好再开始操作，避免造成试剂浪费和环境污染。混合标准溶液（混标）是多种色素检测必须用到的试剂，应精确计算，使用精确的容器精确配制。饮料样品通过样品制备、色素聚酰胺吸附提取和净化、过滤膜后装入样品瓶待测。

 **任务引导**

✓ **一是知识学习**。通过"必备知识"模块掌握标准溶液的概念、影响因素和管理，聚酰胺的吸附法特点、工作原理、操作步骤及优缺点。

✓ **二是样品处理**。通过制备样品、聚酰胺吸附法提取、过滤、洗涤、解吸、收集样品中合成色素，去除天然色素及杂质等。

✓ **三是混标配制**。先配单一标准溶液（单标），再配混标，然后稀释成绘制标准曲线所需的浓度。

 **必备知识**

一、色谱检测中使用的标准溶液

（一）标准溶液的概念

分析测试中许多分析方法需要用标准溶液来绘制标准曲线或用来滴定以求得被测物质的含量。色谱分析中常常需要使用标准溶液。

（1）标准物质：为了保证分析测试结果具有一定的准确度，并具有可比性和一致性，常常需要一种用来校准仪器、标定溶液浓度和评价分析方法的物质，这种物质就称为标准物质。

（2）标准溶液：是由标准物质配制而成的，已知准确浓度或含量的溶液，常常用称量法配制一个原始浓度的标准溶液，称为母液，可以长时间保存。因浓度相对较高，可以储存一段时间（一般3～6个月）的标准溶液，称为标准储备液。由原始浓溶液稀释成稀溶液时，可以直接用于测定标准溶液的溶液称为标准使用液或标准工作液，因为浓度受到环境影响，容易发生变化，一般现配现用。

（二）影响标准物质和标准溶液的因素

影响色谱分析结果准确性的因素很多，仅在标准溶液的配制过程中，影响因素可分为标准物质的称量、溶液的配制和溶液的储存三个环节。

首先，作为标准溶液使用的标准物质的纯度要求很高，应避免使用纯度不符合要求的试剂，作为标准溶液使用的标准物质具有不可替代性，现在市场销售的 HPLC 专用的溶剂及各种标准试剂可供试验选择。其次，选择与样品浓度要求相适应的天平，尽可能使用高精度的天平，这样才能把由于天平使用带来的称量操作误差降至最低。最后，样品中水分的含量不确定，样品的吸潮性才是标准溶液配制中最不确定的因素。以硫酸铜、硫酸镁和氯化钙等吸水性强的物质为例，在气候较为干燥的北方地区，它们吸潮的可能较小，但是在南方气候较为潮湿的地区，尤其在梅雨季节和雨天，很容易吸潮，不加保护的配置样品容易带来试验误差，所以，在外界温度、湿度等不确定的条件下，对于吸湿性强的样品应该尽可能在无水无氧的条件下进行标样的配制。对于有些性质不确定的新样品和对分析要求高的测试，为了避免气候、地域等外部因素对分析结果带来的干扰和影响，也应该尽可能地在无水无氧的条件下配制样品。

另外，在溶液的配制中，玻璃仪器的精度不足、定容操作失误、稀释操作失误、溶解度不足、溶液不均，以及玻璃容器对被测成分的吸附等都会对试验结果产生影响。定容操作失误、稀释操作失误等人为的失误在平行操作的情况下较容易避免，但是玻璃仪器的精度不足受试验人员的影响较小，试验中要注意容量瓶的干燥方法，不要对容量瓶在高温下长期加热，有些对容器有腐蚀的试剂也应该尽可能避免使用。例如，有些有机物容易附着在玻璃表面，虽然使用氢氧化钠等碱性物质清洗它，效果较为理想，但是会对玻璃产生腐蚀，从而影响容器的容量。在溶液的储存中溶剂的挥发、被测成分的氧化及分解也是不能忽视的因素，为了减少溶剂的挥发及被测组分的变化，标样应尽快使用。储存标样应低温避光。

（三）标准溶液的管理

（1）实验室配制的标准溶液和工作溶液标签应规范统一，溶液上要标明名称、浓度、介质、配制日期、有效期限及配制人。

（2）标准溶液的配制应有逐级稀释记录，标准溶液的标定按相应标准操作，做双人复标，每人四次平行标定。

（3）标准溶液有规定期限，按规定有效期使用，超过有效期应重新配制。未明确有效期的可参见《实验室质量控制规范　食品理化检测》（GB 27404—2008）标准附录C。

（4）标准溶液存放的容器应符合规定，注意相溶性、吸附性、耐化学性、光稳定性和存放环境的温度。

（5）应检查标准溶液和工作溶液的变化迹象，观察有无变色、沉淀、分层等现象。

（6）当检测结果出现疑问时应核查所用标准溶液的配制和使用情况，必要时可重新配制并进行复测。

二、聚酰胺吸附法原理

（一）聚酰胺吸附法特点

食品的基质复杂、类型繁多，而着色剂的种类和性质也千差万别。这对于样品的前处理有很大的挑战。样品前处理的好坏不仅对后续的分析检测过程有很大的影响，也影响检测结果的可靠性。对于不同的食品基质和着色剂类型应选用适合的前处理方法。

目前，样品前处理技术主要包括聚酰胺吸附法、液–液分配法、阴离子交换分离法、溶剂分离与柱色谱组合法、季铵滤柱法、基质固相分散法、蛋白酶–固相萃取法、助滤剂柱色谱法和阴离子交换树脂液–液分配法。其中，在我国使用最广泛的是聚酰胺吸附法。

聚酰胺是由含有羧基和氨基的单体通过酰胺键聚合形成的高分子化合物，其分子结构式如图 1-2-2 所示。聚酰胺为白色至淡黄色的颗粒，其分子量为 14 000 ~ 17 000 Da，密度为 1 ~ 1.16 g/cm³，溶于浓盐酸、甲酸，微溶于醋酸、苯酚等溶剂，不溶于水、甲醇、乙醇、丙酮、乙醚、氯仿和苯等常用有机溶剂，对碱稳定，对酸的稳定性较差。

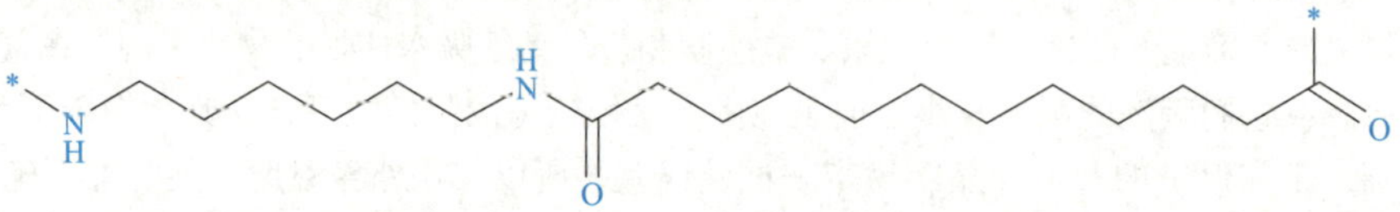

图 1-2-2　聚酰胺分子结构式

（二）聚酰胺吸附法原理

聚酰胺吸附法对于水溶性的酸性色素有较好的富集作用。《食品安全国家标准　食品中合成着色剂的测定》（GB/T 5009.35—2023）将聚酰胺吸附法作为标准方法之一。聚酰胺的酰氨基可与羟基酚类、酸类、醌类、硝基等化合物以氢键结合而被吸附，脂肪长链可作为分配层析的载体，不同物质根据形成氢键数目和强度的不同而得以分离。聚酰胺分子中既有亲水基团又有亲脂基团。当用极性溶剂（如含水溶剂）作为流动相时，聚酰胺中的烷基作为非极性固定相，其色谱行为类似于反相分配色谱。当用非极性流动相（如氯仿–甲醇）时，聚酰胺作为极性固定相，其色谱行为类似于正相分配色谱。此即聚酰胺色谱的双重层析原理，如图 1-2-3 所示。其流动相及解吸附能力的强弱：二甲基甲酰胺＞甲酰胺＞氢氧化钠水溶液＞氨水溶液＞丙酮＞乙醇＞水。天然着色剂在酸性条件下被洗脱去除；合成着色剂在碱性条件下被洗脱收集，浓缩后上机测定。

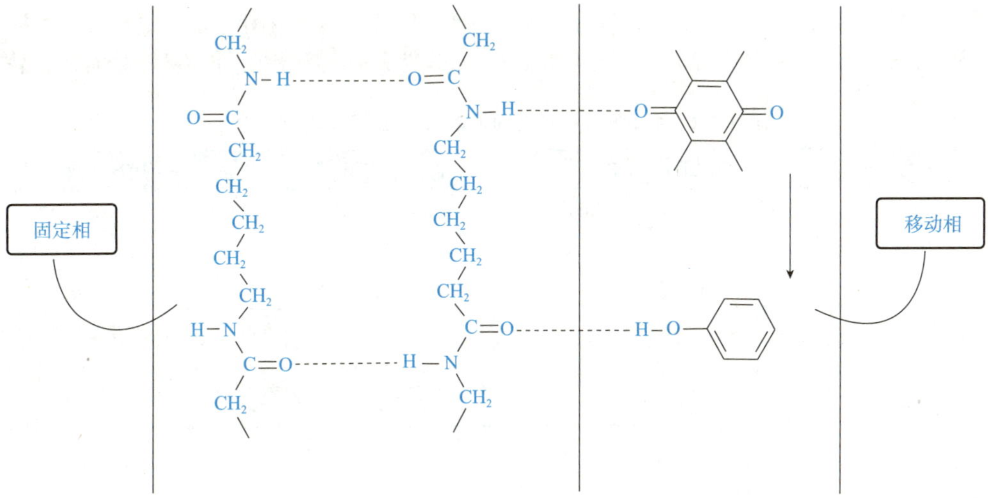

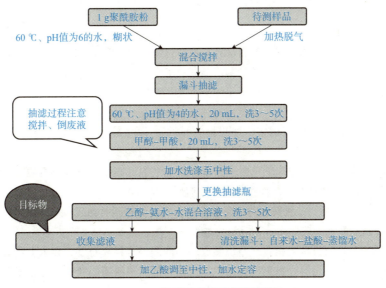

图 1-2-3　聚酰胺吸附法原理示意

（三）聚酰胺吸附法操作步骤

具体操作步骤（图 1-2-4）：将样品提取水溶液加柠檬酸调节 pH 值为 6，加热至 60 ℃，将 1 g 聚酰胺粉加少许水调成糊状，倒入试样溶液中，搅拌片刻，用漏斗进行抽滤。用 60 ℃、pH 值为 4 的水洗涤 3 ～ 5 次。然后用甲醇 – 甲酸混合溶液洗涤 3 ～ 5 次，再用水洗至中性。再用乙醇 – 氨水 – 水混合溶液解吸 3 ～ 5 次，收集解吸液，加乙酸中和，蒸发至近干，再加水溶解、定容至 5 mL。

图 1-2-4　聚酰胺吸附法操作步骤

（四）聚酰胺吸附法优缺点

在针对不同食品基质中的多种不同着色剂的研究中，聚酰胺吸附的净化和回收率效果均比较理想，回收率可达到 90% 以上。如饮料、糖果、蜜饯、果冻等食品，可以同时提取净化十几种合成着色剂，适用性也非常广泛。对比着色剂中其他两类主要的样品前处理方法（表 1-2-2），液 – 液萃取法主要用于糖果和肉制品中着色剂的提取，回收率和重现性都较差。固相萃取法主要用于糖果、酱油、果酱、液态奶中着色剂的提取，适用范围较广，重现性和回收率较高，但检测耗材成本也较高。

表 1-2-2　聚酰胺吸附法与固相萃取、液 - 液萃取的比较

项目	聚酰胺吸附法	液 - 液萃取	固相萃取
适用范围	饮料、糖果、蜜饯、果冻等	糖果、肉制品	糖果、酱油、果酱、液态奶等
人为影响	小	大	小
回收率	90% 以上	70%	80%～90%
重现性	好	较差	好
花费时间	高、稳定	较低、不稳定	高、稳定
成本	低	低	高

任务实施

小提示：请扫描右侧二维码，查看微课：聚酰胺吸附法提取糖果中的人工合成色素。

一、样品制备

（1）饮料：称取三份饮料样品，每份 20～40 g（精确至 0.001 g）于 100 mL 烧杯中。

（2）将含二氧化碳样品加热或超声驱除二氧化碳。

二、色素提取

（1）将样品溶液放置于水浴锅中，加热至约 60 ℃，以不烫手为宜，加聚酰胺粉 1.0 g 充分搅拌，混合均匀。

（2）将 pH 值计电极用水冲洗干净后，插入样品溶液中，加适量 20% 柠檬酸，使用 pH 值计进行测定调节溶液 pH 值至 6.0 左右，使色素被聚酰胺粉完全吸附。

（3）打开离心机开关，设置转速为 3 000 r/min，离心时间为 3 min，打开离心机盖子，对称放置塑料离心管，盖上盖子，按 "start" 键开始离心。

（4）离心结束后，打开离心机盖，拿出装有样品溶液的塑料离心管，弃去上层清液。

（5）使用量筒量取甲醇 - 甲酸混合溶液约 20 mL，加入塑料离心管中，转移至砂芯漏斗中，打开真空泵进行抽滤，洗涤除去天然色素，并加水洗至溶液为中性。

（6）更换滤瓶，向步骤（5）砂芯漏斗中加入乙醇 - 氨水 - 水混合溶液，进行解析洗脱，至吸附剂为白色，收集解析液。

（7）使用 pH 试纸大致测定解析液的 pH 值范围，加乙酸调节至溶液为中性，加水定容至 100 mL，用水洗涤滤瓶，残留液一并转移至容量瓶，并上下颠倒摇匀。

（8）吸取一定量的不同浓度混合标准使用液于进样瓶中，样品溶液经 0.45 μm 滤膜进行过滤，滤液于进样瓶中待上机分析。

小思考   聚酰胺吸附法在操作过程中需要控制溶液 pH 值，请思考其原因。

三、色素混合标准溶液的配制

 小提示：请扫描右侧二维码，查看微课：色素混合标准溶液的配制。

1. 混合标准储备液的配制

使用移液器（枪）分别吸取一定量的日落黄和亮蓝的标准母液（0.5 mg/mL）至 10 mL 容量瓶中，加水稀释至一定刻度，上下颠倒摇匀，即得 50 µg/mL 的日落黄、亮蓝的标准储备液，倒入试剂瓶中备用。

2. 混合标准使用液的配制

使用移液器分别吸取一定量的日落黄和亮蓝的混合标准储备液（50 µg/mL）至 10 mL 容量瓶中，加水稀释成一系列浓度为 0.5 µg/mL、1.0 µg/mL、2.0 µg/mL、4.0 µg/mL、8.0 µg/mL 的日落黄、亮蓝混合标准使用液。

> **小提示**
>
> 移液器（枪）的使用：设定移液的体积；装配合适的移液枪头；吸液，吸头尖端浸入液面 3 mm，吸液前润洗 2～3 遍，按至第一挡，缓慢吸取溶液；释放溶液，按至第二挡，快速释放；使用结束后调至最大量程，吸有液体的移液器应垂直放置。

任务三   上机检测与结果分析

 ## 任务描述

首先进行高效液相色谱法（HPLC）仪器准备工作，包括放置流动相、开机联机、检查排气、冲洗流路、放置样品等，然后新建方法、设置序列表、按照五个混标和三个样品运行序列，对色谱结果进行数据处理，最后清洗仪器、关机。

根据检测结果，填写原始记录，并填写检测工作手册中的检测报告。

任务引导

✓ **一是知识学习。** 通过"必备知识"模块掌握高效液相色谱 - 紫外法（High Performance Liquid Chromatography-Ultraviolet，HPLC-UV）工作原理、检测流程、仪器结构，以及 HPLC 结果分析方法。

✓ **二是上机检测。** 用 HPLC-UV 检测标样和样品。

✓ **三是结果分析。** 通过保留时间定性、外标法定量分析样品中的色素含量。

必备知识

一、HPLC-UV 检测器的结构

食品着色剂最常用检测技术是高效液相色谱技术。其中，高效液相色谱由于分离效能高、分析速度快及应用范围广等特点，被广泛应用于食品着色剂的检测中。

（一）高效液相色谱工作流程

高效液相色谱法（HPLC）是基于流动相中各组分与固定相发生作用的强弱不同，以及在固定相中滞留时间不同进行分离分析的方法。高效液相色谱仪器通常由溶剂储存器、输液泵、进样器、色谱柱、检测器和数据处理系统等构成，如图 1-2-5 所示。高压输液泵将溶液储存器中的流动相以稳定流速输送至分析体系中，样品从进样器中进入，随流动相进入色谱柱中，在色谱柱中各组分被分离，并按先后顺序进入检测器，记录仪将进入检测器的信号记录下来，得到液相色谱图。

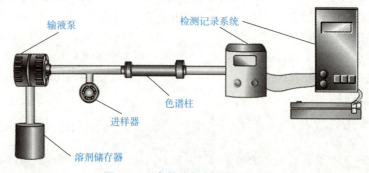

图 1-2-5　高效液相色谱仪器组成

（二）高效液相色谱仪器结构

1. 高压输液系统

高压输液系统由溶剂储存器、高压输液泵、梯度洗脱装置等组成。

（1）溶剂储存器。溶剂储存器一般由玻璃、不锈钢或氟塑料制成，容量为 1～2 L，用来储存足够数量、符合要求的流动相。

（2）高压输液泵。高压输液泵（图 1-2-6）是高效液相色谱仪中关键部件之一，其功能是将溶剂储存器中的流动相以高压形式连续不断地送入液路系统，使样品在色谱柱中完成分离过程。高压输液泵，按其性质可分为恒压泵和恒流泵两大类。

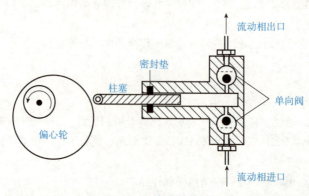

图 1-2-6　高压输液泵

（3）梯度洗脱装置。梯度洗脱就是在分离过程中使两种或两种以上不同极性的溶剂按一定程序连续改变它们之间的比例，从而使流动相的强度、极性、pH 值或离子强度相应地变化，达到提高分离效果，缩短分析时间的目的。

2. 进样系统

进样系统是将样品溶液准确送入色谱柱的装置，可分为手动和自动两种方式。随着 HPLC 分析仪器的普及和其自动化程度的提高，自动进样模式取代了原来手动模式，大大提高了工作效率，增强了分析的精度，消除了人为误差等，越来越多的单位使用自动进样器。

一般来说，自动进样器由进样臂、进样针、样品盘、清洗系统、驱动系统及控制系统等部分组成，各个部分之间紧密合作，共同带动着自动进样器的正常运行，其结构如图 1-2-7 所示。在进样臂上，装载着进样针，在圆形样品盘上以其转轴位为圆心，在不同半径上均匀分布着不同的样品工位；进样臂和样品盘在得到控制指令与信号后，产生协调的进样动作；样品盘每转动一个样品工位都产生一个信号，进样臂在得到信号后方可进行吸样动作，从而保证进样臂上的进样针在样品盘的不同半径上都能准确无误地吸取目标样品。

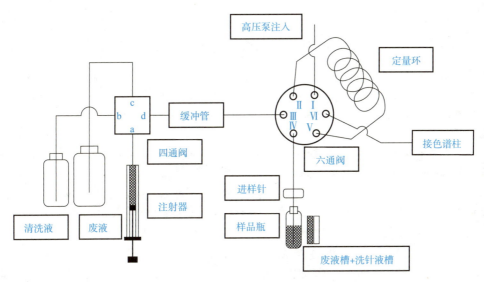

图 1-2-7　自动进样装置及原理

3. 分离系统

分离系统包括色谱柱、恒温器和连接管等部件。色谱柱一般用内部抛光的不锈钢制成，如图 1-2-8 所示。其内径为 2 ～ 6 mm，柱长为 10 ～ 50 cm，柱形多为直的，内部充满微粒固定相，柱温一般为室温或接近室温。

4. 检测器

检测器是液相色谱仪的关键部件之一。对检测器的要求是灵敏度高、重复性好、线性范围宽、死体积小及对温度和流量的变化不敏感等。在液相色谱中，有两种类型的检测器：一类是溶质性检测器，它仅对被分离组分的物理或物理化学特性有响应，属于此类检测器的有紫

图 1-2-8　常见色谱柱外形

外、荧光、电化学检测器等；另一类是总体检测器，它对试样和洗脱液总的物理与化学性质响应，属于此类检测器的有示差折光检测器等。最常用的检测器为紫外检测器。它的典型结构如图 1-2-9 所示。

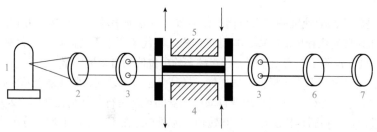

图 1-2-9　紫外检测器光路图

1—低压汞灯；2—透镜；3—遮光板；4—测量池；5—参比池；6—紫外滤光片；7—双紫外光敏电阻

 小故事

国产液相"花得少、用得好、修得起"

现代科技和产业的发展，促进了以色谱仪器为代表的复杂样品的分离分析和分离纯化仪器的迅猛发展，各种更新、更适用的色谱技术和色谱仪器不断涌现。据不完全统计，仅液相色谱仪器的销售额就占全世界分析仪器市场销售总额的近 20%，每年世界销售总额达十几亿美元。

中国每年有 5 000～6 000 台液相色谱仪器的需求，比较知名的国际品牌有沃特世（Waters）、安捷伦（Agilent）、日本岛津（Shimadzu）、戴安（Dionex）、热电（Thermo）、日立（Hitachi）等。色谱仪器作为全球分析仪器中最大的品类，在中国市场长期以来被进口品牌所垄断，国际市场上更是难以见到中国品牌，尤其在中高端以上的超高效液相色谱领域。

2022 年 3 月 10 日，成都珂睿科技有限公司重磅发布自主研发生产的海豚系列高效液相色谱系统，该系列产品秉承了珂睿旗舰型 APUS 系列 UHPLC 系统的品质和设计理念，重新诠释了 HPLC 产品的稳定性和可靠性标准。以助力国内科技及工业振兴为己任，为国人提供这样一款花得少、用得好、修得起的 HPLC 产品。

花得少：同等配置，仅需进口设备一半的预算即可拥有一套完全满足常规检测需要的全自动进样高效液相色谱系统，让更多的实验室可以更高效、低成本地开展工作。

用得好：少花钱并不意味着性能的降低，高稳定性、高可靠性、高精度的系统永远是珂睿科技对仪器品质的追求。

修得起：面对进口品牌液相维修成本居高不下，而国产液相故障率和稳定性又不令人满意的现状，几乎所有客户都认为，仪器后续维护频率和成本是选择的重要因素之一。这款产品为用户提供三年整机保修（易耗品除外）。这样的承诺，一方面是为了打消用户选择时的顾虑；另一方面也是珂睿对于自己产品质量的信心。

成都珂睿科技有限公司是国内技术领先的超高效液相色谱系统供应商，公司数年来已投入超过五千万元，研发国产超高效液相色谱产品。2018 年在国内率先推出系统整体耐压超过 15 000 psi 的超高效液相色谱系统，性能达到国际主流品牌水平，实现了国产超高效液相色谱产品"零"的突破。目前客户已分布于高校、科研院所、第三方检测机构、药企、公安、质谱研发公司等。产品性能也得到了广大客户的一致认可。

二、UV 检测器的特点

（一）UV 检测器的工作原理

　　检测器是高效液相色谱的重要部件，是用来检测经色谱柱分离后的流出物组成和含量变化的装置。常见的检测器有紫外光度检测器、荧光检测器、电化学检测器、化学发光检测器、示差折光检测器等。其中，紫外检测器是 HPLC 应用最广的检测器，其工作原理是基于朗伯 – 比尔定律，可以对那些在紫外光波长、可见光波长下有吸收的物质进行测定。其原理如图 1-1-3 所示。

（二）UV 检测器的工作流程

　　UV 检测器的工作流程是光源（氘灯，波长在 190 ～ 600 nm 连续可调）发射的光经过聚光透镜聚焦，由可旋转组合的滤光片滤去杂散光，再通过入射狭缝至平面反射镜 1，经反射后到达光栅，光栅将光衍射色散成不同波长的单色光。当某一波长的单色光经平面反射镜 2 反射至分光器时，透过分光器的光通过样品流通池，最终到达检测样品的测量光电二极管；或被分光器反射到达检测基线波动的参比光电二极管。比较两者可获得测量和参比光电二极管的信号差，此即样品的检测信息——吸光度（图 1-2-10）。

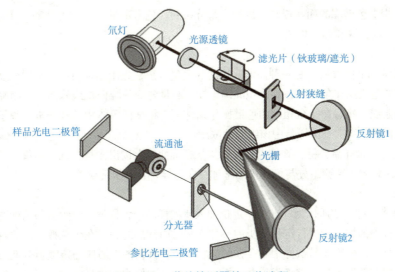

图 1-2-10　紫外检测器的工作流程

（三）紫外检测器的优点

　　紫外检测器具有灵敏度高（最小检出量可达到纳克数量级）、噪声小、线性范围宽、应用广泛，对流动相的流速和温度变化不敏感，适用于梯度洗脱，结构简单，使用维修方便，能与其他检测器串联等优点。采用紫外检测器的 HPLC 可同时检测人工合成色素柠檬黄、苋菜红、胭脂红及日落黄等。在不同时间段可分别采用各组分的最佳检测波长进行检测，此法不仅灵敏度高，还能克服梯度洗脱时的基线漂移，减少共存物的干扰。

三、HPLC 结果分析的方法

（一）定性分析

　　如果样品溶液中与标准溶液相同的保留时间有峰出现，则对其进行确证。经确证分析被测物质

色谱峰保留时间（Retention Time，RT）与标准物质保留时间（RT）相差在 ± 0.1 min（相差的时间根据使用的国标中具体的要求确定），被确证的样品可判定为阳性检出（图 1-2-11）。

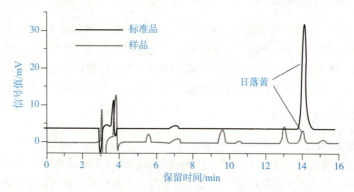

图 1-2-11　高效液相色谱定性分析

（二）定量分析

色谱法是根据色谱峰的面积或高度进行定量分析的。色谱定量计算方法很多，目前比较广泛应用的有外标法、内标法和归一化法。

1. 外标法

外标法又称标准曲线法，是一种简便、快速的定量方法，先用纯物质配制不同浓度的标准系列溶液，在一定的色谱操作条件下，等体积准确进样，测量各峰的峰面积或峰高，绘制峰面积或峰高对浓度的标准曲线，然后在完全相同的色谱操作条件下，将试样等体积进样分析，测量其色谱峰面积或峰高，在标准曲线上查出样品中该组分的浓度。

外标法适合大量样品分析，其优点是可直接从标准曲线上读出含量；缺点是每次样品分析的色谱条件很难完全相同，待测组分与标准样品基体存在差异，容易出现误差。

2. 内标法

内标法是将一种纯物质作为标准物，定量加入待测样品中，依据待测组分与内标物在检测器上的响应值及内标物的加入量进行定量分析的一种方法。内标法的关键在于选择合适的内标物。选择内标物的要求是：内标物应是试样中不存在的纯物质；内标物的性质应与待测组分性质相近，以使内标物的色谱峰与待测组分色谱峰靠近并与之完全分离；内标物与样品应完全互溶，但不发生化学反应；内标物的加入量应接近待测组分的含量。

内标法的优点是可消除进样量、操作条件的微量变化所引起的误差，定量较准确；缺点是选择合适的内标物比较困难，每次分析要准确称量试样与内标物的质量，不宜做快速分析。

3. 归一化法

如果试样中所有组分均能流出色谱柱并显示色谱峰，则可用此法计算组分含量。设试样中共有 n 个组分，各组分的量分别为 m_1，m_2，$\cdots$，m_n，则 i 种组分的百分含量为

$$W_i = \frac{m_i}{m_1+m_2+\cdots+m_n} \times 100\% = \frac{f_i A_i}{\sum_{i=1}^{n} f_i A_i} \times 100\%$$

归一化法的优点是简便、准确，进样量的多少不影响定量的准确性，操作条件的变动对结果的影响也较小，对组分的同时测定尤其显得方便；缺点是试样中所用的组分必须全部出峰，某些不需定量的组分也需测出其校正因子和峰面积，因此应用受到一些限制。

任务实施

小提示：请扫描右侧二维码，查看微课：HPLC-UV 检测糖果中色素的含量。

一、HPLC-UV 检测标样与样品

（1）放置流动相。将甲醇、乙酸铵溶液分别放到流动相 A、B 的试剂瓶中。

小提示

高效液相色谱的流动相要做到：

（1）应采用色谱纯溶剂，以满足仪器要求，避免损坏色谱柱。

（2）流动相需经过滤、除气后方可使用。

（2）开机。依次打开高压泵、自动进样器、柱温箱、检测器、控制器、计算机电源开关。

（3）联机。打开软件，进入仪器工作站，进行联机。

（4）检查。依次检查高压泵接头、进样阀、色谱柱等位置是否漏液，柱压是否正常。

（5）排气。打开废液保护阀，按 "PURGE" 键，在操作软件中单击 "排气" 选项，将高压输液泵和稳压泵中的气泡赶尽，排气结束后关闭废液保护阀。

小提示

排气时需注意，不能在废液保护阀关闭的情况下进行排气，否则高流量的流动相和高的柱压会直接将色谱分离柱损坏。

（6）冲洗流路。首先用甲醇冲洗流路 20 min，再用流动相冲洗 30 min，采集基线，待基线走平 30 min 后，方可进样。

（7）放置样品。将五个标准样品和三个待测样品依次放置到自动进样盘中。注意待分析的样品必须彻底溶解澄清、过滤，以避免堵塞、损坏色谱柱。

（8）新建方法。单击 "新建方法"，在仪器参数设置中，填写以下试验参数：

1）色谱柱：InertSustain C18（5 μm × 4.6 mm × 250 mm）。

2）流动相：甲醇:乙酸铵溶液（5∶95=0.053 mol/L）。

3）梯度洗脱按照表 1-2-3 进行设置。

表 1-2-3　梯度洗脱参数

时间	甲醇	乙酸铵
0 min	20%	80%
5 min	35%	65%
12 min	98%	2%
19 min	20%	80%

4）流速：1 mL/min。

5）进样量：10 μL。

6）紫外检测器：254 nm 波长。

7）泵的压力范围：0.05 ～ 20 MPa。

（9）设置序列表。在序列表内，分别设置样品名称、进样位置、进样体积、进样次数等信息，并调用上述新建的检测方法。检测所获得的数据应保存在相应的文件夹下。

（10）运行序列。待基线走平、柱温箱稳定后，开始运行序列，进行标准样品与待测样品的检测。

（11）数据处理。序列运行完毕后，进行数据处理。采用手动积分，去除不必要的杂峰，对五个标准样品和三个待测样品中日落黄与亮蓝的峰面积依次进行积分，利用五个标准样品的数据绘制标准曲线。利用标准曲线进行计算，得到三个待测样品的浓度。

 小思考　如何判断哪个峰是日落黄，哪个峰是亮蓝？

（12）打印液相报告。设置报告模板，包括进样量、方法、单位、时间、化合物名称等，保存，然后打印。

（13）清洗。样品测试结束后，清洗色谱柱。因为流动相用到缓冲盐，先用水冲洗系统 30 min，再用甲醇冲洗系统约 30 min。

（14）关机。依次关闭计算机、控制器、检测器、柱温箱、自动进样器、高压泵。

二、结果分析

根据液相图谱的保留时间确定样品中所含合成色素的种类，再根据标准溶液的浓度、峰面积，以及样品溶液的峰面积，用外标法计算样品中合成色素的浓度。

1. 定性分析

如果样品溶液中与标准溶液相同的保留时间有峰出现，则对其进行确认。经确证分析被测物质色谱峰保留时间与标准物质保留时间相差 ±0.1 min，被确证的样品可判定为阳性检出。

饮料样品中的两个峰与标液中的日落黄和亮蓝峰保留时间相差均在 ±0.1 min 之内，可以判定，饮料样品中日落黄和亮蓝残留阳性检出。

2. 定量结果计算

本次试验采用标准曲线法进行定量，即将合成色素标准样品的浓度与其相对应的峰面积进行回归，得到标准工作曲线，即 $A=a[C]+b$，式中，A 为峰面积，C 为色素浓度，单位为 mg/L。

然后将未知样所对应的峰面积代入，计算得到相对应的浓度，按下式分别计算试样中日落黄、亮蓝含量。采用色谱数据处理系统计算，计算结果需扣除空白值。

$$X = \frac{m \times 1\,000 \times V_1}{M \times V_2 \times 1\,000 \times 1\,000}$$

式中　X——样品中着色剂的含量（g/kg、g/L）；

　　　V_2——进样体积（mL）；

　　　V_1——样品稀释总体积（mL）；

　　　m——样液中着色剂的质量（μg）；

　　　M——样品量（g 或 mL）。

计算结果保留两位有效数字。

👉 思考题

一、选择题

1. ［单选］食用合成色素中，只有我国许可食用的染料是（ ）。
   A. 胭脂红　　　　　　B. 赤藓红　　　　　　C. 新红　　　　　　D. 诱惑红

2. ［多选］在食品合成着色剂的检测中，常用的检测方法有（ ）。
   A. 高效液相色谱法　　　　　　B. 紫外分光光度法
   C. 示波极谱法　　　　　　　　D. 薄层层析法

3. ［单选］对食品中护色剂和着色剂样品预处理过程中，目前应用最广泛的方法是（ ）。
   A. 聚酰胺吸附法　　　　　　B. 液－液分配法
   C. 阴离子交换分离法　　　　D. 固相萃取法

4. ［单选］在液相色谱中通用型检测器是（ ）。
   A. 紫外检测器　　　　　　B. 示差折光检测器
   C. 热导池检测器　　　　　D. 氢火焰检测器

二、判断题

1. 天然色素主要从动植物组织及微生物中提取，是绝对安全的。（ ）
2. 聚酰胺吸附法对于水溶性的酸性色素有较好的富集作用，通过改变溶液酸碱性可以使天然色素和合成色素分离。（ ）
3. 标准溶液配制好后只要低温避光保存，可以存放很长时间。（ ）

三、填空题

1. 色素因来源不同，一般可以分为＿＿＿＿＿＿和＿＿＿＿＿＿两大类。
2. 使用高效液相色谱法检测食品中色素含量时，预处理过程中可以利用＿＿＿＿和＿＿＿＿提取样品中的色素。
3. 食品中合成色素检测过程中，样品预处理主要包括＿＿＿＿、＿＿＿＿、＿＿＿＿三个步骤。

👉 项目总结

本项目以饮料中日落黄和亮蓝两种合成色素的检测为载体，引导学生完整地学习检测机构如何对食品中的色素添加剂进行检测。主要的流程包括选定检测标准、制订检测方案、试剂配制、样品处理、HPLC 检测、结果分析。聚酰胺吸附法对于水溶性的酸性色素有较好的富集作用。《食品安全国家标准　食品中合成着色剂的测定》（GB/T 5009.35—2023）也将聚酰胺吸附法作为标准方法之一。食品色素最常用检测技术是色谱技术，其中高效液相色谱由于分离效能高、分析速度快及应用范围广等特点，被广泛应用于食品色素的检测中。

通过学习，请思考以下三个问题：

1. 样品在处理过程中聚酰胺吸附法的原理是什么？
2. 使用 HPLC-UV 测定样品中色素的过程中有哪些需要注意的事项？
3. 本项目中，哪些地方要注意成本控制？哪些地方影响检测准确度？哪些地方需要注意安全？

模块一

增值自评

1. 定量自评（表1-2-4）

表1-2-4　定量自评

项目	具体内容	掌握程度				得分
		掌握 （10分）	熟悉 （8分）	了解 （5分）	不明白 （0分）	
理论 知识	食品色素的检测特点					
	聚酰胺吸附法特点、原理					
	标准溶液概念、影响因素					
	HPLC工作流程、仪器结构					
	UV检测器工作原理					
	HPLC结果分析					
实践 技能	分析标准，确定标准					
	编写检测工作手册					
	标准溶液的配制操作					
	聚酰胺吸附样品处理及 操作					
	HPLC仪器操作					
	HPLC结果定性分析					
	HPLC结果定量分析					
项目	具体内容	养成情况				得分
		深刻领悟 （10分）	一定的领悟 （8分）	有感觉 （5分）	没感觉 （0分）	
职业 素养	质量、安全、环保、成本 意识					
	劳动光荣的观念					
	精益求精、严谨公正的工 匠精神					
	科学辩证、勇于创新的科 学思维					
	家国情怀					
总分*						

＊一般来说，总分为全班最高分的70%以下为不合格，凡是得0分的项都是需要专门关注与专项提升的内容。

2. 定性自评（表1-2-5）

表1-2-5　定性自评

检测理论	有进步吗？ √　×	如有，请列出你觉得最有用的一项
检测技术	有进步吗？ √　×	如有，请列出你觉得最有用的一项
对检测工作的认识	有深入吗？ √　×	如有，请写出你印象最深刻的一点

项目三 糕点中防腐剂检测

➤知识目标

1. 掌握防腐剂定义、分类、理化特性，目前防腐剂的检测技术。
2. 掌握超声波提取的原理与特点。
3. 掌握亚铁氰化钾和乙酸锌试剂在样品预处理中的作用。
4. 掌握样品加标质控的意义。

➤技能目标

1. 能查找标准，制订检测方案，编写工作手册。
2. 能规范地对样品进行前处理。
3. 能规范使用高效液相色谱仪进行防腐剂检测。
4. 能制订合适的加标方案，对试验结果进行质量控制。
5. 能正确地分析数据，出具检测报告。

➤素质目标

1. 树立劳动光荣、劳动伟大，崇尚劳模的观念。
2. 在检测工作中养成质量、安全、环保、成本意识。
3. 在精密仪器操作中养成精益求精、严谨公正的工匠精神。
4. 辩证看待食品添加剂使用问题，培养勇于探索创新的科学思维。
5. 能深刻体会在我国经济发展过程中，食品添加剂的使用对食品行业的巨大影响，具有学好技术，掌握本领，为食品行业做贡献的家国情怀。

任务一 制订检测方案

 任务描述

本项目是一个第三方检测机构的委托检测业务，不涉及采样、抽样，仅对来样负责。制订检测方案是开展检测工作的第一步，也是后续工作能够顺利开展的基础，能够显著地提高工作效率。应根据检测样品——糕点、检测目标物——防腐剂的特点，实验室的检测设备条件，以及客户的检测

模块一

要求，确定合适的检测标准，然后根据标准编写检测工作手册。在工作手册中详细列出本项目要使用的仪器、耗材，以及需要记录的原始数据。

🚦 任务引导

- ✓ **一是知识学习**。通过"必备知识"模块了解防腐剂苯甲酸、山梨酸的特点，掌握目前常用的苯甲酸、山梨酸的标准检测方法，现行有效的可用于苯甲酸、山梨酸检测的标准特点。
- ✓ **二是确定标准**。根据上述知识，结合检测实验室实际情况确定检测标准。
- ✓ **三是编写手册**。根据检测标准，编写检测工作手册。
- ✓ **四是梳理思路**。梳理出整个检测流程，特别要关注的是检测目标物——苯甲酸、山梨酸在检测过程中的迁移情况，为实施检测做好准备。

🧑‍🏫 必备知识

一、防腐剂检测特点

💡 **小提示**：请扫描右侧二维码，查看微课：防腐剂检测的特点。

（一）食品防腐剂概述

1. 食品防腐剂简介

食品防腐剂是可以抑制微生物活动，防止食品腐败变质，延长食品保质期的一类食品添加剂，在食品工业中广泛应用，又称抗微生物剂。所谓食品腐败变质，是指食品受各种内外因素的影响，造成其原有化学性质、物理性质和感官性状发生变化，降低或失去营养价值和商品价值的过程。食品腐败变质实质上是食品中蛋白质、碳水化合物、脂肪等被微生物代谢分解或自身组织酶作用下分解所发生的某些生物化学变化过程。食品腐败变质不仅降低食品的营养价值，产生难闻气味使人厌恶，而且还产生有毒有害物质，引起食用者发生急性中毒或产生慢性毒害。引起食品腐败变质的主要原因有微生物作用、酶作用、氧化作用、呼吸作用、机械伤害等。其中，微生物引起的腐败变质是加工食品腐败变质的重要因素。微生物几乎存在于自然界的一切领域，引起食品腐败变质的微生物有细菌、酵母菌和霉菌等，它们在生长和繁殖过程中会产生各种酶类物质，破坏细胞壁而进入细胞内部，使食品中的营养物质分解，食品质量降低，进而使食品发生变质和腐烂。食品本身含有丰富的营养成分，容易使微生物滋生且大量繁殖。据统计，全世界每年因各种原因造成的腐败变质占食品总产量的45%，造成巨大的经济损失。人们尝试各种方法阻止食品腐败，如低温保存、隔绝空气、干燥、提高食品渗透压等。实践证明，使用食品防腐剂是防止、抑制微生物繁殖最经济、最有效和最简捷的方法之一。**食品防腐剂的工作原理有以下三种：一是干扰微生物的酶系，破坏其新陈代谢，抑制酶的活性；二是使微生物的蛋白质凝固和变性，干扰其生存、繁殖；三是改变细胞浆膜的渗透性，抑制其体内的酶类和代谢产物的排出，导致其失活。**

2. 食品防腐剂的分类

食品防腐剂按组分和来源主要可分为化学防腐剂和天然防腐剂。

（1）化学防腐剂是指能抑制微生物的生长活动、延缓食品腐败变质或生物代谢的化学制品。化学类食品防腐剂可分为三大类，分别是酸性防腐剂、酯性防腐剂、无机盐防腐剂。酸性防腐剂，如苯甲酸、山梨酸、丙酸及其盐类等，酸性越大时，防腐效果越好，而在碱性条件下几乎无效；酯性防腐剂，如没食子酸酯、抗坏血酸酯、棕榈酸酯等，在很大的 pH 值范围内都有效，毒性也较低；无机盐防腐剂，如含硫的亚硫酸盐、焦亚硫酸盐等，有效成分是亚硫酸分子，可杀灭某些好氧型微生物并能抑制微生物中酶的活性。但因残留的二氧化硫会引起过敏反应，使用受到限制。研究还发现不同化学防腐剂联合使用，可以起到更好的防腐效果。

（2）天然防腐剂是指从植物、动物、微生物代谢产物中提取的物质，也称为生物防腐剂。天然食品防腐剂也可分为三类，分别是动物源天然防腐剂、植物源天然防腐剂、微生物源天然防腐剂。动物源天然防腐剂，如蜂胶、鱼精蛋白、壳聚糖等，是从动物体内提取出来的防腐剂；植物源天然防腐剂，如香辛料及茶叶、银杏叶、中草药提取物等，是国内外开拓食品防腐剂新领域的研发热点；微生物源防腐剂，如乳酸链球菌素、纳他霉素等，具有安全、高效和健康的特点，可广泛应用于肉制品、乳制品、植物蛋白食品、罐装食品、果汁饮料等经热处理密闭包装的食品防腐保鲜领域。

小思考　如何看待某些产品上标称的食品中"不含防腐剂""不含色素"等宣传？

3. 常用的食品防腐剂

目前，市场上最常用的防腐剂主要有苯甲酸（钠）、山梨酸（钾）、脱氢乙酸、丙酸（钠）、亚硫酸及其盐类、硝酸及亚硝酸盐类。下面重点介绍苯甲酸（钠）和山梨酸（钾）两种化学合成防腐剂。

（1）苯甲酸及苯甲酸钠。苯甲酸又名安息香酸，化学分子式为 $C_7H_6O_2$，分子结构如图 1-3-1 所示。其不溶于水，溶于甲醇、乙醇、乙醚等有机溶剂，属芳香族酸，未离解酸具有抗菌活性。苯甲酸钠即安息香酸钠，是苯甲酸的钠盐，化学分子式为 $C_7H_5NaO_2$，分子结构如图 1-3-2 所示。无臭或微带安息香气，味微甜有收敛性，易溶于水，在酸性物质中能部分转化为有活性苯甲酸，其防腐机理与苯甲酸相同。由于苯甲酸钠比苯甲酸更易溶于水，在空气中较为稳定，抑制酵母菌和细菌作用力强，因此较苯甲酸更为常用。

图 1-3-1　苯甲酸分子结构　　　　　　　　图 1-3-2　苯甲酸钠分子结构

苯甲酸及其钠盐属于酸性防腐剂，作用机理是抑制微生物细胞呼吸酶的活性和阻碍乙酰辅酶A 的缩合反应，使三羧酸循环受阻，代谢受到影响，阻碍细胞膜的通透性。其作用效果与 pH 值有很大关系，在低 pH 值条件下对微生物有广泛的抑制作用，但对产酸酶作用很弱，最适 pH 值为 2.5～4.0。在 pH 值为 5.5 以上时，对很多霉菌无抑制效果，碱性介质中无杀菌、抑菌作用，适用于酸性食品和饲料。苯甲酸及其钠盐被人体摄入后，大部分会与体内的氨基乙酸结合生成马尿酸，随着尿液排出体外，不会蓄积。一小部分苯甲酸会与葡萄糖醛酸结合生成 1－苯甲酰葡萄糖醛酸，残留体内。合理适量使用的前提下，苯甲酸是安全的防腐剂，在我国食品工业中应用广泛。研究数据表明，如果食品中滥用苯甲酸，摄入过量将对人体肝脏产生危害，甚至致癌。

（2）山梨酸及山梨酸钾。山梨酸又名清凉茶酸，化学名为 2，4 – 己二烯酸，化学分子式为 $C_6H_8O_2$，分子结构如图 1-3-3 所示。其微溶于水，溶于丙二醇、无水乙醇和甲醇，其物化性质类似于山梨酸钾。山梨酸钾化学分子式为 $C_6H_7O_2K$，化学名为 2，4 – 己二烯酸钾，分子结构如图 1-3-4 所示。在空气中不稳定，能被氧化着色，有吸湿性，易溶于水和乙醇。

图 1-3-3　山梨酸分子结构　　　　　　　　图 1-3-4　山梨酸钾分子结构

山梨酸及山梨酸钾能抑制微生物细胞内脱氢酶的活性，并与酶系统中的巯基结合，从而破坏多种重要的酶系统，达到抑菌防腐的目的。山梨酸钾对霉菌、酵母菌、好氧性微生物有明显抑制作用，但对能形成芽孢的厌氧性微生物和嗜酸乳酸杆菌抑制作用甚微，抑菌效果严格受酸碱度控制。pH 值低于 5.0 时效果最佳，在被微生物严重污染的食品中无抑菌作用。由于山梨酸是一种不饱和脂肪酸，山梨酸及其钾盐可以被人体的代谢系统吸收而迅速分解为二氧化碳和水，在体内无残留。它的抑菌效果比苯甲酸钠高 5 ～ 10 倍，毒性仅为苯甲酸的 1/4，而且不会破坏食品原有的色、香、味和营养成分。山梨酸钾是目前相对安全的化学防腐剂，但是也需要遵循添加标准。如果在食品中添加严重超标，且消费者长期服用，就会抑制骨骼生长，危害肾脏、肝脏的健康。

小思考　　你如何看待部分商家宣传的产品"配料表干净、不含食品添加剂"？

（二）食品防腐剂检测技术

随着经济与社会的发展，人们对食品安全的要求越来越高，尤其是对食品加工过程中使用食品防腐剂的问题也越来越关注。**凡是符合《食品添加剂使用标准》中添加剂适用范围及使用限量的产品，都是健康安全的食品。**生产企业应严格执行添加剂使用标准，正确添加防腐剂。因为防腐剂的含量很关键，所以检测食品防腐剂对于食品安全、保障民生意义重大。目前，防腐剂的常用检测方法有分光光度法、试剂盒快速检测法、高效液相色谱法、气相色谱法、液相色谱串联质谱法等，其中高效液相色谱法应用最为广泛。

1. 分光光度法

分光光度法是通过测定被测物质在特定波长处或某波长范围内光的吸光度或发光强度，对该物质进行定性和定量分析的方法。用来检测防腐剂常用的分光光度法有紫外分光光度法、红外分光光度法和荧光分光光度法。其中紫外分光光度法最常见。苯甲酸和山梨酸均为共轭型有机化合物，在近紫外光区具有较强的吸收，因此可以用分光光度法进行测定。通过将它们的紫外吸收光谱特征与标准样品的紫外吸收光谱特征进行比较，实现定性、定量分析。该方法测定的全过程在 1 h 左右可完成，有简便、快速的特点，可作为企业自控和商品检测的参考方法。但是此方法的回收率低，检测精密度不够，因此，在食品检测国家标准中不使用。

2. 试剂盒快速检测法

由于防腐剂的关注度极高，快速、便捷、相对准确的快检方法产生了市场需求。基于酶联免疫的苯甲酸检测试剂盒以免疫分析原理为依据，通过合成苯甲酸免疫原和包被原，制备抗体，优化包被原浓度和抗体稀释度，并配套相应的前处理技术。山梨酸钾比色快检试剂盒利用山梨酸钾与双氧水—硫酸溶液反应后形成丙二醛，丙二醛与硫代巴比妥酸生成红色化合物三甲川（3，5，5–三甲基恶唑–2，4–二酮）的原理，颜色的深浅与山梨酸钾的含量在一定范围内成正比，以此判定食品中山梨酸钾的含量，在某些饮料中检出限可以达到 1.0 g/L。试剂盒快速检测法具有体积小、便于携带、检测方便和成本低等特点，具有广泛的应用价值和市场开发前景。缺点是灵敏度较低，检出限高，且只能针对某些样品进行处理，有一定局限性，并不适用于所有食品。介于这一缺点，目前试剂盒快速检测法的应用范围并不广泛。但随着科技进步，新的快检产品会出现，食品防腐剂的快速检测发展空间非常广阔。

3. 气相色谱法

将待测试样酸化，以适当的有机溶剂把目标物提取出来，然后将含有苯甲酸、山梨酸的目标液进行气相分析。被测试样品随着载气流过色谱柱，不同的物质会不同程度地溶解在固定相中，再依次挥发，随着载气流动，如此挥发到载气中的物质再溶解到固定液中，形成溶解、挥发、再溶解、再挥发的过程。同时，不同物质在固定液中的溶解度不同，因此，在色谱柱中的保留时间不同，最终流出的时间不同，可以达到分离的目的。根据保留时间定性，根据峰面积或峰高定量。气相色谱法测定防腐剂灵敏度高、分析速度快，样品回收率高，现有食品安全国家标准中将气相色谱检测方法列入其中。

4. 高效液相色谱法

用高效液相色谱法测定各类食品中苯甲酸和山梨酸的含量，是目前检测领域国家标准、行业标准最常用的检测方法。高效液相色谱法以液体为流动相，采用高压输液系统，将具有不同极性的单一或不同比例混合溶剂、缓冲液等流动相泵入装有固定相的色谱柱，在柱内各成分被分离后，进入检测器进行检测，从而实现对试样分析。该方法样品前处理简单，提取操作方便，准确度高，检测灵敏度高，最小检测限可达到 10^{-9} g，输液压力可达 40 MPa，分析速度快，自动化效率高，而且色谱柱后连接高灵敏度的检测器，能够对流出物进行连续检测，是当前国内检测苯甲酸与山梨酸使用最普遍的方法。

5. 液相色谱串联质谱法

液相色谱串联质谱法结合了液相色谱对复杂基体化合物的高分离能力和质谱独特的选择性、灵敏度、相对分子质量及结构信息能力，弥补了传统液相色谱检测器灵敏度和选择性不够的缺点，为食品中防腐剂的检测提供了有效的分析手段。实际分析工作中常常会遇到成分复杂的样品，可能含有与被检测项目化学性质相近的物质，这些杂质会对被检测物质造成干扰，出现假阳性，质谱检测器可以解决此类问题，它具有检测限低、分离能力强、分析范围广等优点。进出口检验检疫行业标准《出口食醋中苯甲酸、山梨酸的检测方法　液相色谱及液相色谱–质谱质谱法》（SN/T 2012—2019）是针对出口食醋的防腐剂检测标准，该标准中把液相色谱串联质谱法作为确证苯甲酸、山梨酸的方法。虽然质谱可以很好地解决防腐剂检测中的问题，但是质谱仪器造价高，维护成本高，且需要非常专业的技术人员，因此并不普及，只有专业检测机构会采用。

随着食品工业的发展，食品防腐剂已成为诸多加工食品不可缺少的物质。但同时食品防腐剂的安全性问题也成为公众关心的社会热点，而它们的检测方法也成为制定各类标准时的技术问题。目前已经非常成熟的标准防腐剂检测需要液相色谱、气相色谱等高端仪器，检测成本高，普通企业难以普及。在以后的发展中，应改进现有检测技术并不断创新，以研究更快速、高效、精准、成本更低的防腐剂检测方法。高效、低成本的防腐剂检测方法对食品生产、运输、销售过程中的质量监控意义重大。同时，液相色谱串联质谱法等精密、先进的防腐剂检测技术也是我们食品质量安全的有效保证，可以推动食品行业更加健康、快速发展。

二、相关检测标准分析

在食品伙伴网的标准网页（http://down.foodmate.net/standard/index.html）中输入想要检测的防

腐剂名称进行搜索，可以找到相关的检测标准。以常用防腐剂山梨酸为例，在网站搜索页面输入关键词"山梨酸"，可以搜到《食品安全国家标准　食品中苯甲酸、山梨酸和糖精钠的测定》（GB 5009.28—2016）、《饲料中苯甲酸和山梨酸的测定　高效液相色谱法》（NY/T 2297—2012）、《食品安全国家标准　食品添加剂　山梨酸》（GB 1886.186—2016）等非常多的标准，需要关注以下四个方面：第一，关注时效性，即现行有效和已经废止的标准；第二，标准制定部门，有国家标准、农业农村部标准、进出口行业标准、地方标准等区别；第三，注意标准类型，即该标准是检测方法标准还是产品标准，如果从标准名称上难以辨别标准的类型，则需要打开标准查看具体内容；第四，同一个检测标准中可能会给出不同的检测方法，同样需要看标准具体内容选择适合的方法。如《食品安全国家标准　食品中苯甲酸、山梨酸和糖精钠的测定》（GB 5009.28—2016）是一个现行有效的食品安全国家标准，是关于防腐剂苯甲酸、山梨酸的检测方法标准。《食品添加剂　山梨酸钾》（T/ZZB 1992—2020）是一个现行有效的团体标准，是关于食品添加剂山梨酸钾的产品标准。现行有效的检测方法标准中，还有不同的检测方法：液相色谱检测方法和液相色谱质谱检测方法。在做检测标准分析时，要选择现行有效的检测方法标准，同时还要适合待检测样品，适合实验室已有的仪器设备和检测能力。

任务实施

一、确定糕点中防腐剂山梨酸、苯甲酸的检测标准

根据检测任务，在食品伙伴网搜索关键词"苯甲酸""山梨酸"，搜索到苯甲酸、山梨酸的检测标准包含以下结果：《食品安全国家标准　食品中苯甲酸、山梨酸和糖精钠的测定》（GB 5009.28—2016）、《饲料中苯甲酸和山梨酸的测定　高效液相色谱法》（NY/T 2297—2012）、《出口食醋中苯甲酸、山梨酸的检测方法　液相色谱及液相色谱–质谱质谱法》（SN/T 2012—2019）、《蜂王浆中苯甲酸、山梨酸、对羟基苯甲酸酯类检验方法　液相色谱法》（SN/T 1303—2003）、《出口乳及乳制品中苯甲酸、山梨酸、对羟基苯甲酸酯类防腐剂的测定　高效液相色谱法》（SN/T 4262—2015）。其中GB 5009.28—2016 是食品安全国家标准，同时检测食品中的防腐剂苯甲酸、山梨酸和甜味剂糖精钠。NY/T 2297—2012 是农业部（现农业农村部）对饲料中防腐剂苯甲酸、山梨酸检测的行业标准。SN/T 2012—2019、SN/T 1303—2003、SN/T 4262—2015 是进出口检验检疫对不同基质样品中不同类型防腐剂（含苯甲酸、山梨酸、对羟基苯甲酸酯类）检测的行业标准。打开各标准文件，你会发现基于液相色谱检验的饲料、蜂王浆、乳制品等不同样品，前处理提取试剂及处理方法略有不同。目标物经超声波提取后，有的经过固相萃取净化，有的离心后上机分析，检验原理基本相同。不同待分析样品基质不同，故采取不同的前处理方法，以更好地提取样品中的目标物质，保证检测的准确性。SN/T 2012—2019 是进出口检验检疫行业专门针对食醋的检测标准，样品前处理采用蒸馏提取而不是超声波提取，标准中给出液相色谱法和液相色谱串联质谱法两种检测方法。

码 1-3-2　　　　码 1-3-3　　　　码 1-3-4　　　　码 1-3-5　　　　码 1-3-6
GB 5009.28—2016　NY/T 2297—2012　SN/T 2012—2019　SN/T 1303—2003　SN/T 4262—2015

本次检测样品为糕点，结合实验室能力、设备，本项目选择通用性的食品安全国家标准《食品安全国家标准　食品中苯甲酸、山梨酸和糖精钠的测定》（GB 5009.28—2016）并下载。注意，一定

要选择适合的、现行有效的标准。

　　如图 1-3-5 所示，《食品安全国家标准　食品中苯甲酸、山梨酸和糖精钠的测定》（GB 5009.28—2016）中包含两种检测方法：第一种为液相色谱法，适合食品样品，是普适的检测方法，前处理将食品分为一般食品、含胶基的糖果和高油脂的奶油样品三大类；第二种为气相色谱法，适合酱油、水果汁、果酱等食品中山梨酸、苯甲酸的测定。本项目选择液相色谱法。

GB 5009.25—2016

食品安全国家标准

食品中苯甲酸、山梨酸和糖精钠的测定

1　范围

　　本标准规定了食品中苯甲酸、山梨酸和糖精钠测定的方法。
　　本标准第一法适用于食品中苯甲酸、山梨酸和糖精钠的测定；第二法适用于酱油、水果汁、果酱中苯甲酸、山梨酸的测定。

图 1-3-5　GB 5009.28—2016 范围描述

二、编写糕点中防腐剂检测工作手册

　　下载《食品安全国家标准　食品中苯甲酸、山梨酸和糖精钠的测定》（GB 5009.28—2016），认真研读，并按照第一种方法液相色谱法编写检测工作手册，主要内容包括：①样品基本情况及检测需要仪器设备、试剂耗材等；②试剂配制及仪器准备；③试验操作流程；④试验中注意事项、安全问题；⑤设计原始数据表格；⑥填写记录、结果分析；⑦出具报告等。可以参考《检测工作手册》范例，并在项目后续的学习过程中不断完善。原始数据记录表可以参考表 1-3-1。

表 1-3-1　食品中甜味剂、防腐剂检验原始记录

样品编号				样品名称			
检测依据				检测地点			
主要仪器及型号				环境条件		温度：　　　℃ 湿度：　　　%RH	
分析前	测样品状况：□完好□异常 仪器状况：□正常□异常			分析后		测样品状况：□完好□异常 仪器状况：□正常□异常	
主要色谱条件	流动相： 色谱柱：	柱温：	进样体积：	检测器：		检测波长：	
试样质量 m/g	定容体积 V/mL		样品中目标物保留 时间 /min		苯甲酸		
					山梨酸		
苯甲酸标液浓度 /(mg·L⁻¹)	0	1.00	5.00	10.0	20.0	50.0	100	200
对应峰面积								
苯甲酸标曲线性方程								
山梨酸标液浓度 /(mg·L⁻¹)	0	1.00	5.00	10.0	20.0	50.0	100	200
对应峰面积								
山梨酸标曲线性方程								

续表

检测项目	技术要求 /$(g \cdot kg^{-1})$	进样液中目标物的峰面积	进样液中目标物含量 $\rho/(mg \cdot L^{-1})$	样品中目标物含量计算公式	检验结果 $Y/(g \cdot kg^{-1})$	RSD	平均值 /$(g \cdot kg^{-1})$	修约值 /$(g \cdot kg^{-1})$	检验结论
苯甲酸 /$(g \cdot kg^{-1})$	□不得检出 □≤			$\dfrac{\rho \times V}{m \times 1\,000}$					□符合 □不符合
山梨酸 /$(g \cdot kg^{-1})$	□不得检出 □≤								□符合 □不符合
备注	1. ND：表示"未检出"；2. 检出限：取样 2 g 定容 50 mL 时，苯甲酸、山梨酸的检出限为 0.005 g/kg，定量限为 0.01 g/kg；3. 结果保留三位有效数字。								

检验：　　　　　　　　　　　　　校核：　　　　　　　　　　检验日期：

小思考　防腐剂的技术要求如何查询？方法的检出限和定量限分别是什么意思？

三、梳理项目操作流程

梳理糕点中防腐剂的检测过程，检测流程如图 1-3-6 所示，图中对检测中目标防腐剂进行追踪，并指出操作中对结果影响较大、需要重点注意的操作环节。

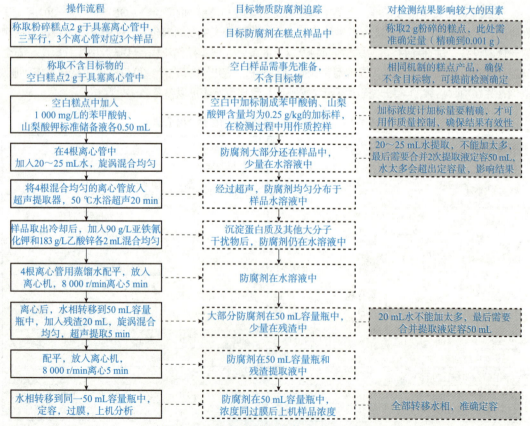

图 1-3-6　糕点中防腐剂的检测过程梳理

食品添加剂的带入原则

《食品添加剂使用标准》中食品添加剂的使用原则部分对食品添加剂的带入原则做出了规定：

3.4　带入原则

3.4.1　在下列情况下食品添加剂可以通过食品配料（含食品添加剂）带入食品中：

a）根据本标准，食品配料中允许使用该食品添加剂；

b）食品配料中该添加剂的用量不应超过允许的最大使用量；

c）应在正常生产工艺条件下使用这些配料，并且食品中该添加剂的含量不应超过由配料带入的水平；

d）由配料带入食品中的该添加剂的含量应明显低于直接将其添加到该食品中通常所需要的水平。

3.4.2　当某食品配料作为特定终产品的原料时，批准用于上述特定终产品的添加剂允许添加到这些食品配料中，同时该添加剂在终产品中的量应符合本标准的要求。在所述特定食品配料的标签上应明确标示该食品配料用于上述特定食品的生产。

案例1：在一次监督抽检中，某检测机构在 A 品牌牛肉干中检测到苯甲酸 0.02 g/kg，查《食品添加剂使用标准》，肉干类熟肉制品不允许使用防腐剂苯甲酸，故判定为不合格。

案例解析：案例中牛肉干检测到苯甲酸 0.02 g/kg，首先要看牛肉干配料表，配料表中有酱油，酱油允许添加苯甲酸，且最高允许使用量为 1.0 g/kg，此时需要考虑牛肉干中的苯甲酸是否由配料酱油带入。该检测机构需要索要生产企业产品生产标准等确定产品工艺配方，根据配方判定牛肉干中苯甲酸是否为酱油带入。本案例牛肉干配方为：牛肉腌渍酱油的添加量为 1%，即 100 kg 牛肉加 1 kg 酱油，而 100 kg 牛肉最后可以制作 30 kg 牛肉干。按照此配方，通过酱油带入牛肉干中的苯甲酸的最大含量为 0.03 g/kg（以酱油中苯甲酸含量最高使用量 1.0 g/kg 计算），实际检测结果为 0.02 g/kg<0.03 g/kg，因此根据带入原则，牛肉干中苯甲酸可判定为酱油带入，结果应判定为符合《食品添加剂使用标准》要求。

案例2：在一次委托检验中，某检测机构在 B 品牌糕点面粉中检测到防腐剂山梨酸 0.4 g/kg，查《食品添加剂使用标准》，蛋糕面粉中不允许添加防腐剂山梨酸，故判定为不合格。

案例解析：带入原则除了配料表中带入，还会涉及特定终产品原料，即某个原料食品为另一个特定产品的生产原料，这个原料食品不直接食用，也不用来做其他用途，而是加工成该特定的终极产品后才食用。本案例中的糕点面粉就是这类原料面粉，仅用于糕点这一特定类别产品的生产，不做普通面粉食用。特定终产品原料中允许使用终产品中可以使用的添加剂，但是添加的量，要满足终产品中的限量要求。案例中蛋糕粉为特定原料，该产品标签明确标识为配料面粉，仅用于糕点生产，可以添加糕点中允许添加的防腐剂山梨酸。糕点中山梨酸的最大使用量为 1.0 g/kg，该糕点中配料面粉的配方比为 25%，如果配料面粉中山梨酸含量为 0.4 g/kg，则终产品糕点中由配料面粉带入的山梨酸仅为 0.1 g/kg，小于最大允许添加量 1.0 g/kg，应判定为符合《食品添加剂使用标准》要求。

任务二　检测试剂准备与样品处理

 任务描述

　　严格按照检测工作手册或标准准备所需的检测试剂，并按照标准中样品处理方法处理样品。防腐剂检测使用标准曲线定性定量，检测中需配制合适浓度的标准溶液。糕点样品通过称量、溶解、超声波提取、沉淀去除杂质、离心、定容、过膜后，上机检测。样品处理过程中增加加标质控样，确保检测结果的有效性。

 任务引导

- ✓ **一是知识学习**。通过"必备知识"模块掌握超声波提取的原理和特点，以及本任务中使用沉淀剂的作用。
- ✓ **二是防腐剂提取**。通过超声、沉淀、离心等方式进行目标物质提取。
- ✓ **三是加标质控**。采用在空白样品中加入适当已知浓度标准物质的方法制作加标质控，确保检测结果的有效性。
- ✓ **四是混标配制**。先配单标，再配混标，再稀释成绘制标准曲线所需的浓度。

必备知识

一、超声波提取的原理与特点

 小提示：请扫描右侧二维码，查看微课：超声波在食品防腐剂提取中的应用。

（一）超声波简介

　　超声波是一种频率高于 20 000 Hz 的有弹性的机械振动波，超出人类的听觉范围，波长一般短于 2 cm。目前发生形式主要有三种：第一种为谐振的形式，频率为 20 ～ 30 kHz；第二种为刚磁性材料的导磁伸缩现象，以转换的形式发出频率在几千赫到 100 千赫；第三种为利用电或电致伸缩效应的材料，加上高频电压，使其按照电压的正负或大小产生高频伸缩，产生频率在 100 ～ 1 000 MHz。

　　超声波萃取（Ultrasonic Extraction，UE）也称超声波辅助萃取、超声波提取，是利用超声波辐射压强产生的强烈空化效应、扰动效应、高加速度、击碎和搅拌作用等多级效应，增大物质分子运动频率和速度，增加溶剂穿透力，从而加速目标成分进入溶剂，促进提取的进行。超声波提取的速度较快，回收率也大大超过传统提取法，常作为添加剂或天然产物分析提取的重要手段，在提取工艺中的应用也受到越来越多的重视。

（二）超声波提取原理

超声波提取主要利用了超声的空化效应、机械效应和热效应。

（1）空化效应：当大能量的超声波作用于介质时，介质被撕裂成许多小空穴，这些小空穴瞬时闭合，并产生高达几千个大气压的瞬间压力，并不断"爆破"产生微观上的强冲击波，即空化现象。冲击波使样品的细胞壁破裂变形，溶剂渗透到细胞内部，细胞内的化学成分更易溶出，空化作用还增大物质分子的运动频率和速度，增强溶剂的穿透力，提高被提取物质的溶出速度。

（2）机械效应：超声机械效应是指超声在介质中传播时，使介质质点在其传播的空间内产生振动，可强化介质的扩散与传播，即超声波的机械效应。超声波在传播过程中产生的辐射压强沿声波方向传播时，对样品组织有很强的破坏作用，可使细胞组织变形、植物蛋白质变性。同时，还可给予介质（溶剂）和悬浮体（样品）以不同的加速度，且介质分子运动速度远大于悬浮体分子的运动速度，从而在两者之间产生摩擦，这种摩擦力可使生物分子解聚，使细胞壁上的有效成分更快地溶解于溶剂中。

（3）热效应：超声波频率高，能量大，在介质中传播时会有一部分被介质吸收转变成热能，导致介质发热，即热效应。热效应增大被提取样品中目标成分的溶解度，加速溶解。

超声波通过这三个效应使提取溶剂介质中的物质被强力搅拌、相互扩散、充分溶解，最终被提取出来。由于超声波提取过程是一个物理过程，不会改变被提取成分的化学结构和性质。一般情况下，影响超声波提取的因素包括超声频率、强度、时间、温度及提取溶剂。

（三）超声波提取的特点

超声波提取因有很多优点，在天然产物提取、食品加工、检测行业应用广泛。

（1）提取效率高：超声波独特的提取原理使食品中的有效成分提取更充分，目标成分提取率显著高于传统提取工艺。超声波提取通常在 5 ~ 40 min 即可获得最佳提取率，较传统方法时间大大缩短，可减少提取物中杂质含量，提高提取物质量。

（2）提取温度低：低温下超声可避免对热敏感的、热不稳定的物质的降解。

（3）目标易分离：提取工艺简单，提取溶剂单一，有效成分易分离、纯化。

（4）提取能耗低：施加小功率的超声波即可破碎提取大量的物料样品，且提取过程可在室温下进行，与常规的溶剂提取法相比，单位能耗降低。

（5）适用范围广：超声波提取不受成分、极性和分子量的限制，适用于大多数食品中有效成分或添加成分的提取，如添加剂、生物碱、黄酮类化合物、脂质及挥发油等。

（6）易于自动化：超声波提取设备大多可自行设定提取时间、提取温度、循环速度等主要操作参数，并自动运行，减少外界因素干扰，有利于产品质量的稳定与提高。

二、亚铁氰化钾和乙酸锌试剂在样品预处理中的作用

在《食品安全国家标准　食品中苯甲酸、山梨酸和糖精钠的测定》（GB 5009.28—2016）中，除碳酸饮料、果酒、果汁、蒸馏酒等样品外，大部分食品在前处理过程中都需要加入亚铁氰化钾和乙酸锌。这两种试剂是沉淀剂，在食品安全国家标准的很多检测项目前处理过程中经常出现，如食品中亚硝酸盐的测定、食品中牛磺酸的测定等。其主要功能是沉淀蛋白质及其他大分子极性物质，利用乙酸锌和亚铁氰化钾反应生成的氰亚铁锌沉淀来挟走或吸附干扰物质，使样品变得澄清。这种沉淀剂除蛋白质能力强，但脱色能力弱，更适用于色泽较浅、蛋白质含量较高的样液的沉淀和澄清，如乳制品、豆制品等，也可以用于可溶性糖类的提取和澄清，但是颜色较深的产品如酱油等不适合。本项目的分析目标糕点中含有一定量蛋白质大分子物质，如不进行处理，经过一般的稀释、过滤就上机分析，不仅过滤困难，而且大分子颗粒极易堵塞色谱柱，造成柱压增大、保留时间

变化过大、柱效下降等现象，对色谱柱造成难以修复的损伤，缩短色谱柱使用寿命。在样品前处理过程中，除去大分子颗粒首选沉淀法，亚铁氰化钾、乙酸锌作为一种经典的蛋白质及其他大分子极性物质沉淀剂，操作简单、方便、效果好，被广泛运用于食品分析中。

任务实施

一、标液配制

（1）标准储备液（1 000 mg/L）。分别准确称取固体苯甲酸钠、山梨酸钾标准品 0.118 g 和 0.134 g（精确到 0.000 1 g），用水溶解并定容至 100 mL，于 4 ℃储存，保存期为 6 个月。也可以直接购买一定浓度的液体标准品。注意，如果固体标准品为苯甲酸、山梨酸，则使用甲醇溶解定容。

> **小思考** 储备液配制过程中，如何计算苯甲酸钠和山梨酸钾标品的称样量？本项目中，如用固体标准品苯甲酸、山梨酸配制 100 mL 浓度为 1 000 mg/L 的标准储备液，应如何配制？

（2）混标中间液（200 mg/L）。分别准确吸取苯甲酸钠、山梨酸钾标准储备溶液各 10.0 mL 于 50 mL 容量瓶中，用水定容。于 4 ℃储存，保存期为 3 个月。

（3）混标工作液。分别准确吸取苯甲酸钠、山梨酸钾混合标准中间溶液 0 mL、0.05 mL、0.25 mL、0.50 mL、1.00 mL、2.50 mL 和 5.00 mL，用水定容至 10 mL，配制成质量浓度分别为 0 mg/L、1.00 mg/L、5.00 mg/L、10.0 mg/L、20.0 mg/L、50.0 mg/L 和 100 mg/L 混标，现配现用。加上 200 mg/L 混标组成 8 个点的混合标准系列工作溶液，上机前过 0.22 μm 水相滤膜。

二、试样制备

取多个预包装或散装糕点样品，用研磨机充分粉碎并搅拌均匀，取其中的 200 g 装入玻璃容器中，密封，待提取。如不能马上提取，则于 –18 ℃冷冻保存。

试样制备中的核心操作是取样的均一性和代表性。实验室样本已经按照相关要求准备，试样制备过程中需要按照一定规则从实验室样本中取出一定量的测试样本。将多个糕点样品粉碎、搅拌均匀就是为了取出的测试样本能够具有代表性。

三、防腐剂提取

（1）样品称量。准确称取经过粉碎的糕点样品约 2 g（精确到 0.001 g）于 50 mL 具塞离心管中。注意直接将样品放到离心管底部中央，避免样品粘到离心管壁及壁口，称样三平行。

（2）加标质控样制备。将事先准备的空白糕点样品同试样制备处理，并称取 2 g，加入 1 000 mg/L 的苯甲酸钠、山梨酸钾标准储备液各 0.50 mL，制成 0.25 g/kg 的加标样品，随样品一起处理。

（3）超声波提取。离心管中加 20 ～ 25 mL 水，盖好盖子，于旋涡振荡器上涡旋混匀 1 min，再于 50 ℃水浴超声 20 min，取出冷却至室温。苯甲酸、山梨酸都是水溶性物质，因此选择用水作为提取试剂，超声过程中样品中的苯甲酸和山梨酸溶解到水中。超声波提取过程需要注意的是，将具塞离心管通过适当的方式放入超声机，确保超声过程中离心管直立不倒，超声器中的水位与离心管内样品液面大约齐平。

> **小思考** 为什么要求超声器中的水位与离心管内样品液面大约齐平？你能想到什么办法确保离心管在超声过程中直立不倒？

（4）加沉淀剂。加入预先配制好的 92 g/L 亚铁氰化钾溶液和 183 g/L 乙酸锌溶液各 2 mL，混匀，以沉淀蛋白质及其他大分子干扰物。

（5）离心。将样品放于离心机，8 000 r/min 离心 5 min，将水相转移至 50 mL 容量瓶中，于残渣中加水 20 mL 左右，涡旋混合均匀后超声 5 min 再次离心，将水相转移到同一 50 mL 容量瓶中，并用水定容至刻度。通过离心，可以将沉淀物质分离。这里需要注意一定要清洗残渣，再次过滤，以确保样品中的目标物全部被转移到容量瓶中。在离心过程中，需要先配平，再离心。

小思考
1. 离心过程中如何配平三个样品和一个加标质控样？
2. 经过样品处理，加标质控样的上机进样浓度是多少？

（6）过膜。取适量定容后的样品提取液，过 0.22 μm 水相微孔滤膜，待液相色谱分析。

小知识
自制加标质控样是为了确保检测结果的有效性而设计的自己加标的样品。选择合适的加标浓度，对结果的有效性验证非常重要。如果质控过程是为了确保一批检测样品的结果有效性，自制加标质控样的浓度一般选择标准曲线中间点的浓度，如果要针对某个样品做质控验证，则最好选择与该样品含量相同的加标量。

任务三 上机检测与结果分析

任务描述

准备 HPLC 法检测防腐剂的流动相，完成液相色谱仪排气泡、系统平衡等进样前准备工作。在 HPLC 上设置检测方法、进样序列，对样品进行检测。检测结束后冲洗色谱系统，关闭液相色谱仪。根据混标进样峰面积，制定标准曲线，计算样品中防腐剂的浓度。根据检测结果，填写原始记录，并填写检测工作手册中的检测报告。

任务引导

✓ **一是 HPLC 检测。**用 HPLC 检测标样和样品。
✓ **二是 HPLC 结果分析。**通过保留时间定性、标准曲线定量分析样品中的防腐剂结果。

任务实施

一、HPLC-UV 检测标样与样品

💡 **小提示：**请扫描右侧二维码，查看微课：HPLC-UV 在检测食品中防腐剂的应用。

模块一

（1）流动相准备。将超纯水、甲醇及 20 mmol/L 乙酸铵溶液分别过 0.22 μm 滤膜装入流动相瓶，并超声脱气 15 min。注意，甲醇为有机相，过有机滤膜，水和乙酸铵过水相滤膜。脱气后放置到液相色谱四元泵相应通道待用。

（2）开机。接通各模块电源，打开计算机并运行色谱工作软件，等待计算机与色谱仪连接。

（3）排气泡。打开 purge 阀，将使用到的三个通道分别大流量冲洗排气泡，流量设置为 5 mL/min。在排气泡过程中，可仔细观察流动相管路是否正常，是否有气泡贴壁难以排出，如有，可用手指轻轻弹击，帮助气泡排出。

> 💡 **小提示：**
>
> 　　打开 purge 阀，流动相可以不经过柱子和检测器直接排出。确保 purge 阀打开，再设置大流量冲洗管路。如果 purge 阀没有打开，5 mL/min 的流量过大，系统压力瞬间激增，可能会造成仪器损坏。

（4）方法设置。在排气泡过程中，可在软件中设置检测方法：

1）色谱柱：C18 柱，柱长为 250 mm，内径为 4.6 mm。

2）流动相：甲醇—乙酸铵溶液（5+95 体积比）。

3）流速：1 mL/min。

4）检测波长：230 nm。

5）进样量：10 μL。

（5）平衡色谱柱。排气泡结束后，停泵，关闭 purge 阀。用 10% 甲醇和 90% 水以 1 mL/min 流速冲洗色谱柱 30 min，然后运行新建立的方法，用本项目的流动相比例平衡色谱柱 30 min，同时监测色谱基线，基线平稳后，才可开始进样。注意，关闭 purge 阀后，用甲醇/水冲洗色谱柱时，系统压力很快上升，观察色谱柱前后接口是否有漏液，柱压是否正常。

📋 **小思考**　　色谱柱在平衡过程中，是否可以跳过 10% 甲醇和 90% 水冲洗色谱柱，直接运行防腐剂检测的流动相比例平衡色谱柱？为什么？

（6）序列设置。色谱柱平衡期间，可将标样和样品装盘，并根据实际装盘位置，在自动进样序列表内分别设置样品名称、进样位置、检测方法、进样次数等信息。在本次检测中，共有 8 个标准样、3 个样品和 1 个加标质控样，设置完成后保存。

（7）运行序列。基线平衡后，运行序列。注意运行前检查核对序列表和样品盘，确保进样正确。

（8）冲洗色谱柱。序列进样结束并检查无异常后，首先将流动相设置为 90% 水和 10% 甲醇，冲洗柱子中的流动相盐，约 30 min 基线平稳后，将流动线换成 100% 甲醇填充色谱柱，保证色谱柱灌满甲醇，约 30 min。

📋 **小思考**　　进样前平衡色谱柱和进样后冲洗色谱柱期间，是否可以关闭检测器？

（9）报告输出。在冲洗色谱柱期间，可以查看结果，编辑报告模板，打印色谱原始记录。

（10）关机。色谱柱填充甲醇后，停泵，依次关闭色谱仪各模块。

小思考　　本次试验结束后，将有两个月时间不用高效液相检测，冲洗色谱柱后该如何处理色谱仪？

二、结果分析

💡 **小提示**：请扫描右侧二维码，查看微课：出具防腐剂的检测报告。

出具报告包括定性分析和定量分析两个步骤。根据液相图谱的保留时间定性，根据峰面积外标法定量。

（一）定性分析

在相同色谱条件下，标准物质苯甲酸、山梨酸被色谱柱分离，在一定的时间出峰即保留时间（RT），UV 检测器会记录色谱图谱。将同序列进样的加标质控样及样品图谱与标准品图谱比较，同一保留时间出现的物质可认定为同一种物质。

 小思考　　1. UV 检测器通过保留时间定性，是否同一时间出峰的一定是同一物质？

　　2. 如果某次检测中发现，山梨酸标准品出峰时间为 12.15 min，某样品中在 12.25 min 也有一个峰，是否可以判定为山梨酸？

（二）定量分析

1. 防腐剂标准曲线的绘制

根据防腐剂混标中苯甲酸和山梨酸各自的 8 个浓度及与其对应的峰面积，绘制标准曲线 $A=a[C]+b$。式中，A 为峰面积，C 为防腐剂的浓度，单位为 mg/L。

可以使用 Excel 进行绘制，但是建议大家学习使用检测软件自带的标准曲线功能进行绘制，熟悉大型仪器的数据分析软件。

2. 未知样品防腐剂含量的计算

将加标质控样和未知样中被定性的防腐剂所对应的峰面积代入标准曲线公式，计算得到稀释后进样的样品中防腐剂的浓度，可通过仪器自带软件计算。将进样浓度结合样品处理过程中的稀释情况进行折算，得到加标质控样、未知样中防腐剂含量。计算未知样检测结果的平均值和 RSD。

3. 结果有效性

本项目中加标质控样加标量为 0.25 g/kg，加标回收率可以参照《实验室质量控制规范　食品理化检测》（GB/T 27404—2008）要求，回收率在 95% ～ 105%，说明检测结果准确度高（表 1-3-2）。

表 1-3-2　回收率范围

被测组分含量 /(mg · kg⁻¹)	回收率范围 /%
>100	95 ～ 105

被测组分含量 /(mg·kg^{-1})	回收率范围 /%
1～100	90～110
0.1～1	80～110
<0.1	60～120

 拓展知识

食品添加剂的带入原则

《食品添加剂使用标准》附录 A 中规定：

A.2 表 A.1 列出的同一功能的食品添加剂（相同色泽着色剂、防腐剂、抗氧化剂）在混合使用时，各自用量占其最大使用量的比例之和不应超过 1。

案例：某企业在酱油生产过程中添加了两种防腐剂，即苯甲酸和山梨酸，用量分别为 0.5 g/kg 和 0.4 g/kg，该添加剂的使用量是否符合《食品添加剂使用标准》要求？

案例解析：查《食品添加剂使用标准》，酱油产品苯甲酸和山梨酸的最高允许使用量都是 1.0 g/kg，苯甲酸和山梨酸都是同样功能的防腐剂，根据《食品添加剂使用标准》，同一功能的防腐剂在混合使用时，各自用量占其最大使用量的比例之和不应超过 1。案例中酱油中苯甲酸的用量为 0.5 g/kg，占最大使用量 1.0 g/kg 的百分比为 50%，山梨酸的用量为 0.4 g/kg，占最大使用量 1.0 g/kg 的百分比为 40%。同功能的苯甲酸和山梨酸占各自最大使用量的比例之和为 0.9，小于 1，因此该酱油的防腐剂使用量符合《食品添加剂使用标准》要求。

思考题

一、选择题

1.［单选］根据《食品添加剂使用标准》对防腐剂山梨酸的最大残留限量做出的规定，山梨酸在蜜饯、凉果中的最大残留限量为（　　）。

    A. 0.1 g/kg　　　　　B. 0.5 g/kg　　　　　C. 0.5 mg/kg　　　　　D. 0.1 mg/kg

2.［多选］超声波提取的特点有（　　）。

    A. 效率高　　　　　B. 能耗低　　　　　C. 范围广　　　　　D. 易于自动化

3.［单选］苯甲酸和山梨酸属于（　　）防腐剂。

    A. 天然　　　　　B. 微生物　　　　　C. 化学　　　　　D. 生物

4.［多选］在《食品安全国家标准　食品中苯甲酸、山梨酸和糖精钠的测定》（GB 5009.28—2016）标准中，糕点中防腐剂的检测需要用到的沉淀剂是（　　）。

    A. 亚铁氰化钾　　　　　B. 氰化钾　　　　　C. 乙酸锌　　　　　D. 醋酸钾

二、判断题

1. 使用食品防腐剂是防止、抑制微生物繁殖最经济、最有效的方法之一。（　　）

2. 在液相色谱检测中，色谱柱在有机相和盐相之间不能直接转换，需要用大比例水相过渡。（　　）

3. 液相色谱检测通过物质的出峰时间定性，如果待检样品物质的出峰时间和标准品出峰时间不

声　明

一、本公司保证检测的公正性、独立性和诚实性，对检测的数据负责，对委托方所提供的检测样品保密和保护所有权。

二、检测报告无编制、审核、批准人签字（或签章），或涂改，或未盖本公司红色检测专用章无效。

三、复制本报告未重新加盖"检测专用章"无效。

四、委托检测仅对来样负责，微生物样品不做复检。

五、未经本公司同意，委托人不得擅自使用结果进行不当宣传，本公司接受的委托送检样品代表性由委托方负责。

六、委托方若对本报告有异议，应在收到报告之日起十五日内向本公司提出。

七、本报告各页均为报告不可分割之部分，使用者单独抽出某些页导致误解或用于其他用途及由此造成的后果，本机构不负相应的法律责任。

DECLARATION

1. Our organization guarantees impartiality, independence and honesty of inspection, and is responsible for the result of inspection, keeping the samples supplied by the entrusting party confidential and at the same time protecting the ownership of the samples supplied.

2. The test report will be deemed invalid without signatures(or stamps) of the inspector/reviewer and authorized personnel, and the red special inspection stamp of our organization.

3. The copy of test report will be deemed invalid without the red special inspection stamp of our organization.

4. The test results shown in this report is only applicable for the sample(s) supplied directly by the customer. The sample(s) for microbial detection will not be retested.

5. Without permission, the customer couldn't apply test results for inappropriate use and should be responsible for the representative of the sample(s) sent for test.

6. If there is any dissent of the report, it shall be notified to our organization within 15 days.

7. All the pages of the report are integral parts of the report. Our organization will not be responsible for any misunderstanding or other results caused by using separate page(s) of the report.

地址：＊＊

联系电话／传真：＊＊＊＊＊＊＊＊＊＊＊＊＊＊＊＊　　电子邮箱：＊＊＊＊＊＊＊＊＊＊＊＊＊＊＊＊

Add：＊＊＊＊＊＊＊＊＊＊＊＊＊＊＊＊＊＊＊＊＊＊＊＊＊＊＊＊＊＊＊＊＊＊＊＊＊＊＊

Contact Phone/Fax：＊＊＊＊＊＊＊＊＊＊＊＊＊＊＊＊　　E-mail：＊＊＊＊＊＊＊＊

检 测 报 告
TEST REPORT

序号 Series Number	检测项目 Test Items	检测依据 Test Requirements	标准要求 Standards	检测结果 Test Results	单项结论 Item Conclusion	备注
1	镉	GB 5009.15—2014	≤ 0.2 mg/kg	**mg/kg	符合 / 不符合	检测限为 0.001 mg/kg，定量限为 0.003 mg/kg
				/		
				/		
				/		

以下空白

项目编辑 ｜ 崔 岩

策划编辑 ｜ 李 鹏

封面设计 ｜ 易细文化

北京理工大学出版社

BEIJING INSTITUTE OF TECHNOLOGY PRESS

通信地址：北京市丰台区四合庄路6号

邮政编码：100070

电话：010-68914026 68944437

网址：www.bitpress.com.cn

ISBN 978-7-5763-3369-5

9 787576 333695 >

定价：98.00元

（含配套手册）